基于脉冲发放皮层模型的图像融合技术

王念一 著

科学出版社

北京

内 容 简 介

　　图像融合是信息融合领域的一个研究热点和难点，也是数字图像处理领域非常重要的一个研究分支，有着广泛的军事和民用需求。脉冲耦合神经网络被认为是第三代人工神经网络。脉冲发放皮层模型是脉冲耦合神经网络的简化模型之一，与传统脉冲耦合神经网络相比，脉冲发放皮层模型具有更轻的运算量；同时，与现有的其他脉冲耦合神经网络简化模型相比，脉冲发放皮层模型具备完善的数学理论基础，更接近视觉神经元的生物特性。本书从脉冲发放皮层模型的哺乳动物视觉特性出发，利用像素级图像融合原理，探索将脉冲发放皮层模型应用于图像融合领域的基本原理与技术路线。书中探讨了符合人眼视觉特性的相关图像融合算法，指出基于脉冲发放皮层模型的融合技术的关键性环节和难点问题，并给出解决方案。深入讨论了各个算法的核心部分，通过融合实验对算法的有效性进行了验证。书中提出的融合方法对解决图像融合问题具有一定的参考意义。

　　本书可作为数字图像处理、人工智能理论等专业领域的研究生、高年级本科生阅读，也可供从事数字图像处理及相关领域的研究人员和工程技术人员参考。

图书在版编目（CIP）数据

基于脉冲发放皮层模型的图像融合技术/王念一著. —北京：科学出版社，2019.3
　ISBN 978-7-03-060825-3

　Ⅰ.①基… Ⅱ.①王… Ⅲ.①数字图象处理 Ⅳ.①TN911.73

　中国版本图书馆 CIP 数据核字（2019）第 047280 号

责任编辑：胡庆家 田轶静／责任校对：邹慧卿
责任印制：吴兆东／封面设计：陈 敬

科 学 出 版 社 出版
北京东黄城根北街 16 号
邮政编码：100717
http://www.sciencep.com

北京凌奇印刷有限责任公司 印刷
科学出版社发行　各地新华书店经销

*

2019 年 3 月第 一 版　开本：720×1000　B5
2021 年 1 月第四次印刷　印张：8 3/4
字数：180 000

定价：68.00元
（如有印装质量问题，我社负责调换）

前　言

　　图像融合(image fusion)技术是可视信息融合技术的一个重要分支，它综合了人工智能、计算机技术、信号处理技术、图像处理技术和传感器技术等学科，因此是一门覆盖多学科的现代高新技术。图像融合指的是将不同传感器获得的同一景物的图像或同一传感器在不同时刻获得的同一景物的图像，经过去噪、时间配准、空间配准和重采样后，再运用具体的融合算法最大限度地提取各自信道中的有利信息，得到一幅合成图像。多传感器图像融合技术将来自多个传感器在空间或时间上的冗余或互补信息根据一定的准则进行合成，以此获得比使用任意单个传感器所无法达到的、对目标或场景更为精确和完整的描述。一般情况下，图像融合由低到高分为三个层次：像素级融合、特征级融合和决策级融合。像素级图像融合指的是在各个传感器获得的原始图像数据上直接进行融合。像素级图像融合的主要优点是融合后的结果包含了尽可能多的原始图像数据并且融合的准确性最高，提供了其他融合层次所不能提供的细节信息。近年来，图像融合技术在医学、遥感、司法、工业、军事应用等领域都发挥出了独特的优势并带来巨大的实用价值。

　　20世纪90年代，Eckhorn在研究猫等哺乳动物的视觉系统时，发现视觉皮层会产生脉冲现象，并提出Eckhorn数学模型。之后，Johnson对Eckhorn模型进行修正和简化，产生了被称为第三代人工神经网络的脉冲耦合神经网络(pulse coupled neural network, PCNN)。由于PCNN有着优良的特性，被证明适合图像信息处理。PCNN一经提出，便得到许多研究者的关注，并产生脉冲耦合神经网络领域的一系列理论成果和应用成果。虽然脉冲耦合神经网络是第三代人工神经网络的典型代表，但PCNN数学模型参数多且计算复杂度比较高，而作为PCNN简化模型之一的脉冲发放皮层模型(spiking cortical model, SCM)与PCNN原始模型相比，参数少、计算复杂度低、具备完善的数学理论基础，并且更接近视觉神经元的生物特性。

　　本书从SCM的哺乳动物视觉特性出发，首先介绍了像素级图像融合和脉冲耦合神经网络的基础知识，之后重点介绍了将SCM应用于图像融合领域的相关研究工作，是作者近些年的主要工作和成果。

　　(1) 基于SCM的多聚焦图像融合方法，给出了SCM神经网络循环次数的设定方法，提出了新的像素点清晰度评价准则并验证其有效性，根据SCM同时具备基于窗口选取像素和基于区域选取像素的优势，给出了基于SCM的多聚焦图像融合的算法框架、算法步骤，以及融合实验数据和融合结果分析。

(2) 基于SCM与非下采样轮廓波变换(nonsubsampled contourlet transform, NSCT)的多传感器医学图像融合方法，将图像多尺度分析发展至今的代表性方法——NSCT方法与SCM相结合进行图像融合；利用NSCT各向异性的基函数使其在图像处理中具有刻画线奇异的优势，以及SCM的人眼视觉特性设计融合规则，将融合算法应用于医学图像融合这一具有实际应用意义的领域，本书除了给出算法方案、算法步骤，以及具有代表性的医学图像融合实验外，还对实验结果从主观、客观两方面进行定性与定量分析。

(3) 基于SCM与离散小波变换的多源图像融合方法，将小波变换和SCM相结合，对其在图像融合中的应用可行性以及性能做一些探讨与研究。利用SCM对不同刺激的响应与韦伯定律相一致这一特性选择通过小波变换得到的图像高频子带系数。给出基于SCM与离散小波变换的多源图像融合方案和算法步骤。

本书中对提出的不同融合方法，都给出了理论基础、算法框架，指出关键性环节和难点问题，进行了相关的融合实验，并从主观定性分析和客观定量分析两个方面对提出的融合方法进行了性能评估。实验结果及对比分析验证了所提出的融合方法的有效性。

尽管PCNN神经元模型比传统BP网络等人工神经元模型前进了一步，但距离实际生物神经网络还有很长距离。因为PCNN和其简化模型需要确定较多参数，而且其理论发展依然存在不足，主要表现在图像处理效果和模型参数之间的关系并不十分清晰，是研究者积极关注的热点。近年来，一些新的研究成果不断出现，我们相信PCNN会有更广阔的研究前景。

本书力求做到深入浅出，浅显易懂。采用大量篇幅介绍了该领域的研究现状和背景知识，帮助读者开阔视野，了解技术发展前沿，每章对相关技术进行总结。本书不仅是一本PCNN专题方面的论著，同时也可作为从事数字图像处理研究人员的参考读物。

本书由西北民族大学"一优三特"学科中央高校基本科研业务重大培育项目"基于视觉Gamma带同步振荡神经网络的图像处理应用研究"(项目编号：31920170143)资助！

本书的出版得到兰州大学马义德教授、绽琨副教授、西北民族大学王维兰教授的支持，在此表示诚挚的谢意！另外，我的学生刘睿阳、高生霞、李爽为本书的出版做了一部分资料整理、文字校对等工作，对他们也表示感谢！

王念一

2018年8月

目 录

第1章 绪 论

1.1 图像融合的背景、概念及研究意义

1.1.1 图像融合的背景

现代计算机技术、微电子技术和信息技术等的快速发展极大地促进了传感器技术的发展。由于越来越多不同类型传感器的出现，并且其性能不断提高，通过传感器技术获得的信息量急剧增加，并呈现出多样性和复杂性，在这种情况下需要新的信息处理技术解决这类新问题。信息融合技术[1,2]是为了满足这一需求而发展起来的一种技术[3]。

图像融合(image fusion)技术是可视信息融合技术的一个重要分支，它综合了人工智能、计算机技术、信号处理技术、图像处理技术和传感器技术等学科，因此是一门覆盖多学科的现代高新技术[3]。近年来，图像融合技术在医学、遥感、司法、工业、军事应用等领域都发挥出了独特的优势并带来巨大的实用价值。

1.1.2 图像融合的概念

图像融合是 20 世纪 70 年代后期提出的新概念，是多传感器信息融合的一个重要分支[4,5]。图像融合指的是将不同传感器获得的同一景物的图像或同一传感器在不同时刻获得的同一景物的图像，经过去噪、时间配准、空间配准和重采样后，再运用具体的融合算法最大限度地提取各自信道中的有利信息，得到一幅合成图像。多传感器图像融合技术是指将来自多个传感器在空间或时间上的冗余或互补信息根据一定的准则进行合成，以此获得比使用任意单个传感器所无法达到的、对目标或场景更为精确和完整的描述[6]。

一般情况下，图像融合由低到高分为三个层次：像素级融合、特征级融合、决策级融合[6]。

(1) 像素级图像融合：指的是在各个传感器获得的原始图像数据上直接进行融合。像素级图像融合是最低层次的图像融合。像素级图像融合的主要优点是融合后的结果包含了尽可能多的原始图像数据并且融合的准确性最高，提供了其他融合层次所不能提供的细节信息。在进行像素级图像融合之前，必须对参加融合的各个图像进行精确的配准，其配准精度一般应达到像素级。像素级图像融合的结果为图像，所以该类融合结果可以给予观察者对现场更快捷、直观和全面的认

识。但是像素级图像融合需处理的信息量最大，对设备的要求较高。

(2) 特征级图像融合：是指对预处理和特征提取后的原始输入图像获取的景物信息如边缘、形状、轮廓和区域等信息进行综合与处理。为了有效地识别目标，所提取的图像特征应该最大程度地与决策分析有关。特征级图像融合是中间层次的信息融合，其优点是既保留了足够数量的重要信息，又可对信息进行压缩，有利于实时处理。特征级图像融合使用参数模板、统计分析、模式相关等方法完成几何关联、特征提取和目标识别等功能。一般从源图像中提取的典型特征信息有：线型、边缘、纹理、光谱、相似亮度区域、相似景深区域等。

(3) 决策级图像融合：是指根据一定的融合准则以及每个决策的可信度做出最优决策。由于决策级融合处理的对象为各数据源对目标属性的决策，因此决策级融合是高层次的图像融合。决策级融合方法主要是基于认知模型的方法，需要大型数据库和专家决策系统进行分析、推理、识别和判决。决策级融合的主要优点包括：融合系统的处理开销低，对信息传输的带宽要求低，系统的容错性能好，适用面广，对原始的输入数据没有特殊要求。

1.1.3　图像融合的意义与优势

(1) 扩大系统的时间和空间范围：由各种适用于不同工作环境的成像传感器组成的多传感器系统能够扩大系统的工作范围。例如，可见光和红外传感器融合，或医学影像 PET 和 MR 融合，两者的融合可以极大地扩大系统的工作范围，提高系统探测能力[3,6]。

(2) 提高系统可靠性和精度：多传感器融合后的图像能够减少源图像中的不确定信息，从而减少决策过程中的不确定性，提高系统的可靠性[3,7]。

(3) 使信息的表示更高效：图像融合能够获取信息的更高效表示形式。多源图像信息融合在一幅图像上进行描述，大大降低了源图像中的冗余信息，便于传输和保存。例如，在遥感领域，获取的数据量较大。通过图像融合，仅需传输和存储融合后的图像信息，极大地提高了传输和存储效率[7]。

(4) 可降低系统的投资[8]。

1.2　像素级图像融合方法概述

像素级图像融合方法大体可分为七类：加权平均融合方法、伪彩色图像融合方法、基于马尔可夫随机场的图像融合方法、基于调制的图像融合方法、基于统计的图像融合方法、基于多尺度分解的图像融合方法，以及基于神经网络的图像融合方法[6-8]。

本节将对像素级图像融合方法进行简要介绍。

1. 加权平均融合方法[9]

最简单、最直接的图像融合方法就是对源图像进行加权平均作为融合结果。具体说就是对原始输入图像采用线性加权平均，如式(1-1)所示：

$$F(x, y) = w_A \cdot A(x, y) + w_B \cdot B(x, y) \tag{1-1}$$

w_A 和 w_B 为所加之权。加权平均法执行起来非常简单，系统开销小。但在多数应用场合，该图像融合方法难以取得满意的融合效果。这是因为，加权平均法会降低图像的对比度，并在一定程度上使图像中的边缘、轮廓变模糊。主成分分析法(principal component analysis，PCA)是加权平均融合方法的一种，也是一种较为常用的方法，该方法使得融合后图像的方差最大化。PCA 先计算源图像协方差矩阵的特征向量，然后通过特征向量再计算出加权系数[6,10,11]。

2. 伪彩色(false color)图像融合方法[12-14]

伪彩色图像融合方法是在人眼对彩色的分辨率远超过对灰度等级的分辨率这一视觉特性的基础上提出来的。通过某种彩色化处理技术将蕴藏在原始信道图像灰度等级中的细节信息以彩色的方式来表现，便可使人类视觉系统对图像的细节有更丰富的认识。伪彩色图像融合处理比较容易实现，并且人类视觉系统对该方法的融合结果也较容易分辨。最简单的做法是把来自不同传感器的每一个源图像分别映射到一个专门的颜色通道，合并这些通道得到一幅假彩色融合图像，最具代表性的伪彩色图像融合是 IHS(intensity, hue, saturation, 亮度、色调、饱和度)，它是将 RGB 颜色空间的图像信息进行变换，转化到 IHS 空间上去，然后对融合后 IHS 的各分量进行逆变换即可获得融合图像[15]。对于传统的 IHS 变换，由于在变换过程中能较好地保留高频信息，却比较多地损失了光谱信息，因而融合后的图像比较容易出现光谱畸变[6,7]。

3. 基于马尔可夫随机场的图像融合方法[16]

马尔可夫随机场方法把融合表示成一个代价函数。该函数反映了融合的目标，模拟退火算法被用来搜索全局最优解。在该方法中，图像被定义为马尔可夫随机场模型，融合过程就变为一个解决优化问题的过程。在不同图像的对应区域，用回归分析的方法分别提取一组统计参数，这些参数代表了图像的局部结构特征，计算其相似性测度，最后由输入图像及其相似性矩阵生成融合后的边缘图像。该图像融合方法具有较强的适应性和可靠性，即使在图像信噪比较低的情况下，也能取得较好的融合效果[8]。

4. 基于调制的图像融合方法[17]

调制本是通信术语，用在图像融合上的调制手段指的是先将一幅图像进行归一化处理，然后将归一化的结果与另一图像相乘，最后重新量化后进行显示。这种处理方式相当于无线电技术中的调幅(amplitude modulation)，一幅数字图像像素的灰度大小就相当于无线电波的幅度大小。用于图像融合的调制技术一般可分为对比度调制技术和灰度调制技术两种[6]。

5. 基于统计的图像融合方法[18,19]

采用统计方法进行图像融合是从信号与噪声的角度考虑图像融合问题。基于统计的融合方法需要在图像或成像传感器统计模型的基础上，建立一个该场景的先验模型，然后在此基础上推算出融合需要的优化函数，并对此进行参数估计。基于统计的图像融合方法能够降低噪声对融合结果的影响，增强融合图像的信噪比，适用于包含噪声的图像融合。比较典型的统计模型融合方法有：贝叶斯最优化的融合方法[19,20]。

6. 基于多尺度分解的图像融合方法[21-23]

基于多尺度分解的图像融合方法是像素级图像融合方法中研究得比较活跃的一类重要方法。多尺度分解过程与计算机视觉中由粗到细的认识过程十分相似，非常适合用在图像融合处理上。其融合过程如下所示：其次，将多个传感器源图像分别进行多尺度分解，得到变换域一系列子图像。然后，采用一定的融合规则，提取变换域各个尺度最有效的特征，得到复合的多尺度表示。最后，对复合的多尺度表示进行多尺度反变换，得到融合后的图像。与简单的图像融合方法相比，基于多尺度分解的图像融合方法可以明显改善图像的融合效果。其融合流程如图 1-1 所示。

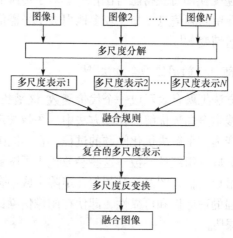

图 1-1　基于多尺度分解的图像融合流程

基于多尺度分解的图像融合方法中最为经典的是基于金字塔算法(或称塔式

算法)的融合方法。

图像的塔式变换包括：拉普拉斯金字塔变换、梯度金字塔变换、对比度金字塔变换、比率低通金字塔变换、形态学金字塔变换等。基于塔式变换的融合方法可以在不同空间分辨率上有针对性地突出原始输入图像的重要特征和细节信息。

但是基于塔式变换的融合方法也有其固有的不足。图像的塔式分解均是图像的冗余分解，即分解后各层间的数据有冗余。当金字塔不同级的数据相关时，很难判断两级之间的相似性是由冗余还是图像本身的性质所引起的。另外，如果在图像融合中高频信息损失较大，那么在金字塔重建时，就可能出现模糊、不稳定性。

20 世纪 80 年代兴起的小波技术拥有许多塔式变换所不具有的优势。小波变换作为一种较新的数学工具，具有良好的时频局部化性质，对高频部分采用逐步精细的时域取样步长，"聚焦"到对象的任意细节，因此它被誉为"数学显微镜"。小波变换的多尺度变换特性更加符合人类的视觉机制，与计算机视觉由粗到细的认识过程更加相似。从根本上讲，小波变换是塔式变换的一种特殊形式，它具有金字塔变换的所有优点，同时具有更完备的理论支持。正是这些优良特性使得小波变换替代塔式变换成为基于多尺度变换的图像融合方法中的首选。20 世纪 90 年代初，Chipman 等[24]和 Ranchin 等[25]将小波变换引入图像融合领域。小波变换在图像融合中得到了比较广泛的应用。

虽然小波变换具有良好的时频局部特性，但是小波变换不能最优地表示含线奇异或者面奇异的高维函数[26]。而在实际研究和应用中，具有线奇异或面奇异的高维函数非常普遍，为了能够更好地解决这一问题，出现了一系列多尺度的几何分析方法(multi-scale geometric analysis, MGA)。1998 年 Candès[27]提出直线奇异分段连续信号表述最优的脊波(ridgelet)变换理论；1999 年 Candès 和 Donoho 等[28,29]提出一种特殊的滤波过程和脊波变换组合而成的在连续域上对曲线奇异的函数表达最优的曲波(curvelet)变换理论；2000 年 Pennec 和 Mallat[30]提出 Bandelet 变换理论；2002 年 Minh 和 Vetterli[31]提出轮廓波(contourlet)变换。轮廓波变换和曲波变换都是多尺度几何分析方法的重要组成部分，它们的变换过程相类似，其不同之处在于轮廓波变换是直接在数字域中提出来的，由于在变换过程中，它包含了 2^n 个方向基函数，因此轮廓波变换在对光滑边缘的表示上都接近最优，但是轮廓波变换在分解过程中需要进行下采样，从而使高低频信息出现一定程度的重叠现象，反映在融合图像中则出现较明显的吉布斯现象[32-36]。2005 年 Cunha 等[37]为了解决轮廓波变换由于进行下采样而不具有平移不变性的问题，提出了非下采样轮廓波变换(nonsubsampled contourlet transform, NSCT)，非下采样轮廓波变换不但继承了轮廓波变换多尺度和多方向的特性，而且具有平移不变特性，并且变换后的能量更加集中，由此图像的融合质量得到提高。基于上述特点，将 NSCT 用于图像融合成为研究的热点之一[38-41]。

7. 基于神经网络的图像融合方法[42-44]

人工神经网络是一种试图仿效生物神经系统处理信息的新型计算处理模型。神经网络以其特有的并行性和学习方式，提供一种完全不同的数据融合方法。然而，要将神经网络方法应用到实际的融合系统中，有许多基础工作有待解决，例如，网络模型、网络层次、每一层节点数、网络学习策略、神经网络方法与传统的分类方法的关系和综合应用等。目前常见的应用于多传感器图像融合的三种神经网络分别为[45]：①双模态神经元网络(bimodal neuron)；②多层感知器(multi-layered perceptron)；③脉冲耦合神经网络(pulse coupled neural network，PCNN)。

1.3　国内外融合算法中需要解决的问题

目前图像融合中仍然存在的问题归纳如下：

1. 如何进行图像的精确配准

对于像素级图像融合，首先面临的是图像之间的时间配准和空间配准问题，配准误差会直接影响到图像融合的效果。因此如何提高图像配准的精度，比如，达到像素级配准精度是一个技术难点[8]。

2. 如何进行融合规则的选择

图像融合可以分为空间域融合和变换域融合。不管是空间域还是变换域，在具体融合时，都面临对融合规则的选择。融合规则分三种：基于像素选择的融合规则，基于窗口选择的融合规则，以及基于区域选择的融合规则。基于像素选择的融合规则最简单，但效果不好；基于区域选择的融合规则复杂，涉及对图像的理解、决策支持等，但其融合效果良好。基于窗口选择的融合规则其特性介于前两者之间。因此，在任何一种融合方法中，都面临其融合规则是基于像素选择或基于窗口选择还是基于区域选择这一问题。对于变换域融合方法，在对图像经过时频变换后的系数进行选择时，也面临这一问题。

3. 如何构造快速实时算法

图像融合需要对大量的图像数据进行处理。简单的融合算法运算简捷、处理速度快，但融合效果并不令人满意；而采用较复杂的算法，例如，基于多尺度分析或基于人工神经网络的算法，会带来大量运算，因而融合处理速度缓慢，很难满足实际应用系统快速实时处理的要求。因此，如何同时保持图像融合算法的实时性与精确性是图像融合领域的关键问题。

4. 融合图像的客观评价方法还有待深入研究

通过对图像融合效果或质量的客观评价可以判断融合的有效性，并指导融合，提高融合的效果。目前已有多种客观评价标准，但这些评价标准往往只能对特定的图像融合效果进行较准确的评价，普适性并不很强。此外，客观评价指标虽然具有很好的理论基础，但因其对图像的判断和理解与人眼有差距，会导致有时与人眼的感知有偏差。因此，将人眼视觉特性与客观评价指标相结合，建立更为全面、合理的融合效果评价体系是一个值得期待的研究方向。

本书介绍的研究工作主要涉及上述第二、第三个领域。

1.4 本书的研究工作与内容安排

1.4.1 主要创新工作

(1) 提出了基于 SCM 的多聚焦图像融合算法。给出了 SCM 用于多聚焦图像融合时设定其网络循环次数的一种自适应方法，提出一种新的图像像素点清晰度评价准则。利用 SCM 同时具备基于窗口选取像素和基于区域选取像素的优势，给出基于 SCM 的多聚焦图像融合的算法框架、算法步骤。

(2) 利用 NSCT 各向异性的轮廓波基使其在图像处理中所具有的刻画线奇异的优势，以及 SCM 的人眼视觉特性及其同步脉冲发放特性对区域内强相关像素关系良好的表达，提出基于 SCM 与 NSCT 的多传感器医学图像融合算法，将融合算法应用于医学图像融合这一具有实际应用意义的领域。

(3) 将离散小波变换和 SCM 相结合，利用 SCM 对不同刺激的响应与韦伯定律相一致这一特性选择通过小波变换得到的图像高频子带系数。给出基于 SCM 与离散小波变换的多源图像融合方案和算法步骤。

1.4.2 内容安排

第 1 章是图像融合的本质及像素级图像融合方法的研究，在简单介绍了图像融合的背景、概念、层次、优势及意义之后，对各种像素级图像融合方法进行了梳理和分析，同时归纳出国内外算法在图像融合领域需要解决的关键问题。

第 2 章系统地研究并归纳总结出对于 PCNN 及 SCM 在图像融合领域的应用起到支撑性作用、并作为关键知识背景的相关技术与理论。首先介绍了人工神经网络基本知识，人工神经网络所经历的几个发展阶段及发展趋势，人工神经网络特点；通过分析哺乳动物视觉皮层神经元研究以及四种典型神经元模型引出了PCNN概念的背景；分析了PCNN的数学模型、工作原理、电路理论解释，归纳出PCNN内部运算特性和神经网络运行特性；以统计数据的方式分析了近十几年国内外研究人员对PCNN的关注程度；在分析有关PCNN模型改进方面的理论成果之后对PCNN的经典简化模型ICM(交叉皮层模型，intersecting cortical model)、SCM作了介绍，特别是对作为本书研究基础的SCM的数学模型和运算特性进行了详细分析。在这之后给出本章的重点：①PCNN作为人工神经网络进行图像融合的原理和优势所在；②研究了自1999年PCNN用于图像融合领域开始至今的近十多年来的研究工作进展；③总结了基于PCNN图像融合研究的特点。本章的研究工作，为基于SCM的图像融合技术提供了理论背景和研究前提，为后续研究工作的开展构建了框架性脉络和知识体系。

第3章是基于SCM的多聚焦图像融合技术研究，给出了SCM用于多聚焦图像融合的神经网络循环次数的设定方法，提出一种新的像素点清晰度评价准则并验证其有效性，利用SCM同时具备基于窗口选取像素和基于区域选取像素的优势，给出基于SCM的多聚焦图像融合的算法框架和算法步骤。本章最后从主观视觉观察的角度分析了所提出算法的有效性，并将本算法与其他10种算法进行比较分析，从而通过客观定量数据分析给予验证。

第4章是基于SCM与非下采样轮廓波变换(NSCT)的多传感器医学图像融合技术研究。本章中，考虑到NSCT代表了图像多尺度分析方法发展至今的最新进展，利用SCM作为PCNN简化模型的优势，将NSCT与SCM相结合进行多传感器图像融合的讨论。本章首先分析了医学图像融合技术的重要性和困难所在，梳理了从最早的小波变换到后小波时代的脊波变换、曲波变换、轮廓波变换，再到近期的NSCT为止各种多分辨率分析算法的演变和进展，指出相互之间的补充继承关系。其次，给出了现有的基于PCNN和NSCT的图像融合技术的进展，并简要分析了NSCT及非下采样金字塔滤波器设计和非下采样方向滤波器组设计的核心思想。之后，给出本章研究工作的出发点，即许多传统融合算法对毫无关联的单独的像素点直接进行运算会对融合效果造成一定影响，而SCM由于其同步脉冲发放特性，很好地表达了区域内强相关像素的关系。利用NSCT各向异性的轮廓波基所具有的刻画线奇异的优势，以及SCM对区域内强相关像素关系良好的表达，给出基于SCM与NSCT的医学图像融合技术的算法方案与算法步骤，提出以空间频率作为SCM的外部刺激，利用运算后的输出脉冲选择经NSCT分解后的高频子带系数。本章最后，将融合算法应用于医学图像融合这一具有实际应用意义的领域，利用医学成像的源图对算法进行实验，通过与其他算法的比较以及主观(定性)、客观(定量)分析验证算法的有效性。

　　第 5 章是基于 SCM 与离散小波变换(DWT)的多源图像融合技术研究。本章中，考虑到小波变换是最为经典、成熟的多尺度分解算法，同时由于目前尚未有关基于小波变换和 SCM 的融合研究。因此，我们在本章中，将小波变换和 SCM 相结合，对其在图像融合中的可行性以及性能做一些探讨与研究。重点讨论利用 SCM 的人眼视觉特性选择通过小波变换得到的图像高频子带系数。本章首先简要分析了小波、离散小波变换的原理与框架，以及离散小波变换在计算机实现中的优势。之后，给出基于 SCM 与 DWT 的多源图像融合方案和算法步骤。进行了红外图像与可见光图像的融合、医学 MR 与 PET 图像的融合等实验，将本章算法与其他融合算法运用 4 项指标进行了客观比较。通过定性和定量分析使得算法有效性得以验证。

　　第 6 章分别介绍了 PCNN 在图像除噪、图像分割、模式识别、特征提取、图像增强、数字签名等领域的应用情况。

　　第 7 章是总结与展望。本章总结了 SCM 图像融合技术研究工作的一些成果，指出研究工作中的一些不足，最后探讨了当今神经网络研究、脉冲耦合神经网络研究以及图像融合研究中应持续研究、深入讨论的一些内容和方向。

第 2 章　脉冲耦合神经网络

20 世纪 90 年代，Eckhorn 在研究猫等哺乳动物的视觉系统时，发现视觉皮层会产生脉冲现象，并提出 Eckhorn 数学模型。之后，Johnson 对 Eckhorn 模型进行修正和简化，产生了被称为第三代人工神经网络的脉冲耦合神经网络。由于其优良特性，它被证明适合图像信息处理。此后，更多的研究者开始关注脉冲耦合神经网络的理论研究和应用研究。

本章首先在介绍人工神经网络发展历程的基础之上分析了哺乳动物神经元和视觉皮层机理，进而引入本书的理论基础——脉冲耦合神经网络 PCNN，从 PCNN 的标准模型、电路理论解释、工作原理和基本特性等方面做了较为翔实的介绍；之后，汇总了国内外学术界对 PCNN 的关注和研究情况。本章的最后，介绍了 PCNN 模型的改进研究，分析了 PCNN 应用于图像融合领域时所具有的优势和特点，以及当前基于 PCNN 的图像融合研究进展。

本章旨在为基于 SCM 的图像融合技术提供了理论背景和研究前提，为本书后续部分构建框架性脉络和知识体系。

2.1　人工神经网络

2.1.1　人工神经网络简介

人工神经网络(artificial neural network, ANN)的提出基于生物学中神经网络的基本原理，是一种应用大脑神经突触连接结构进行信息处理的数学模型，它是人类对自身大脑组织和思维机制的模拟，是根植于神经科学、思维科学、人工智能、统计学、物理学、计算机科学以及工程科学的一门技术。

人工神经网络对人脑结构和外界刺激响应机制进行抽象和简化，以网络拓扑知识为理论基础，模拟人脑的神经系统对复杂信息的处理机制。人工神经网络以其独特的知识表示方式和智能化的自适应学习能力，引起各学科领域的关注。实际上它是一个由大量简单元件相互连接而成的复杂网络，具有高度的非线性，能够进行复杂的逻辑操作和非线性关系实现。由于人工神经网络是基于对生物神经网络的认识和模拟，所以它能够具备类似于人的判断能力，甚至逻辑推理能力。

从结构上看，人工神经网络由大量的节点(或称神经元)之间相互连接构成。每个节点代表一种特定的输出函数，称为激活函数。每两个节点间的连接都代表一个通过该连接信号的加权值，称之为权重，神经网络就是通过这种方式来模拟人类的大脑组织的。神经网络的输出则取决于网络的结构、网络的连接方式、权重和激活函数。而网络自身通常都是对自然界某种算法或者函数的逼近，也可能是对一种逻辑策略的表达。

在人工神经网络中，神经元处理单元可表示不同的对象，例如，特征、字母、概念，或者一些有意义的抽象模式。网络中处理单元的类型分为三类：输入单元、输出单元和隐单元。输入单元接收外部世界的信号与数据；输出单元实现系统处理结果的输出；隐单元是处在输入和输出单元之间，不能由系统外部观察的单元。神经元间的连接权值反映了单元间的连接强度，信息的表示和处理体现在网络处理单元的连接关系中。

总之，人工神经网络是一种非程序化、适应性、模拟生物大脑的信息处理系统和反应机制，其本质是通过网络的变换和动力学行为得到一种并行分布式的信息处理功能，并在不同程度和层次上模仿人脑神经系统的信息处理功能。

2.1.2 人工神经网络发展历程

人工神经网络的研究发展至今已经经历了数十年，大致可分为以下几个时期：

第一阶段(初始阶段)：标志事件是 1943 年 MP 神经元模型的提出[46]，出现了神经网络的模型概念和学习规则。心理学家沃伦和数理逻辑学家沃尔特·皮茨总结了一些基本的神经元生理特性，提出了神经元的构造方法和数学描述。这是第一次用数学语言描述大脑信息处理模型。此模型比较简单，但是意义重大。在模型中，通过把神经元看作单个功能逻辑器件来实现算法，开创了神经网络模型的理论研究。1949 年，心理学家唐纳德[47]提出了神经元之间突触连接的强度可变的假设，这个假设认为学习过程最终发生在神经元之间的突触部位，突触的连接强度随着突触前后神经元的活动而变化。这一假设发展成为后来神经网络中非常著名的 Hebb 规则。这一法则说明，神经元之间突触的联系强度是可变的，这种可变性是学习和记忆的基础。Hebb 规则为构造有学习功能的神经网络模型奠定了基础。1958 年弗兰克·罗森布拉特[48]设计的感知器模型是一种大致符合神经生理学的学习与自我组织的心理模式，感知器模型具有现代神经网络的基本原则，并且它的结构非常符合神经生理学。这是一个具有连续可调权值矢量的 MP 神经网络模型，经过训练可以达到对一定的输入矢量模式进行分类和识别的目的，它虽然比较简单，但却是第一个真正意义上的神经网络。罗森布拉特证明了两层感知器能够对输入进行分类，他还提出了带隐层处理元件的三层感知器这一重要的研究方向。罗森布拉特的神经网络模型包含了一些现代神经计算机的基本原理，从而形成神经网络方法和技术的重大突破。1962 年伯纳德和马尔奇安[49,50]提出自适应线性元件模型(adaptive linear element，Adaline)，标志着第一次研究神经网络高潮的到来。1969 年马文·明斯基和西摩[51]发表的《感知器》一书，以数学方式分析了几个简单感知器原理。1972 年，詹姆斯·安德森[52]和 Teuvo[53,54]在神经网络中引入联想记忆的概念。

第二阶段(低潮阶段)：随着神经网络研究的推进，研究人员发现，冯·诺依曼的计算机架构体系在实现人工神经网络时有局限性，这一发现导致了神经网络的发展进入一个低潮期。人工智能的创始人之一 Minsky 和 Papert 对以感知器为代表的网络系统的功能及局限性从数学上做了深入研究，指出简单的线性感知器的功能是有限的，它无法解决线性不可分的两类样本的分类问题，例如，简单的线性感知器不可能实现"异或"的逻辑关系等。这一论断给当时人工神经元网络的研究带来沉重的打击。开始了神经网络发展史上长达 10 年的低潮期。这一时期有关研究成果有①自组织神经网络 SOM 模型：1972 年，芬兰的 T. Kohonen 教授，提出了自组织神经网络 SOM(self-organizing feature map)。后来的神经网络主要是根据 T. Kohonen 的工作来实现的。SOM 网络是一类无导师学习网络，主要用于模式识别、语音识别及分类问题。它采用一种"胜者为王"的竞争学习算法，与先前提出的感知器有很大的不同，同时它的学习训练方式是无指导训练，是一种自组织网络。②自适应共振理论 ART：1976 年，美国 Grossberg 教授提出了著名的自适应共振理论 ART(adaptive resonance theory)，其学习过程具有自组织和自稳定的特征。

第三阶段(复苏阶段)：人工神经网络的复苏以 1982 年 Hopfield 模型的提出为标志，之后的十几年，全世界再次出现人工神经网络的研究热潮。这段时期的有关研究成果大致有如下几种。

(1) Hopfield 模型：1982 年，美国物理学家霍普菲尔德(Hopfield)提出了一种离散神经网络，即离散 Hopfield 网络，从而有力地推动了神经网络的研究。在网络中，它首次将李雅普诺夫(Lyapunov)函数引入其中，后来的研究学者也将 Lyapunov 函数称为能量函数，证明了网络的稳定性。1984 年，Hopfield 又提出了一种连续神经网络，将网络中神经元的激活函数由离散型改为连续型。1985 年，Hopfield 和 Tank 利用 Hopfield 神经网络解决了著名的旅行商问题(travelling salesman problem)。Hopfield 神经网络是一组非线性微分方程。Hopfield 的模型不仅对人工神经网络信息存储和提取功能进行了非线性数学概括，提出了动力方程和学习方程，还对网络算法提供了重要公式和参数，使人工神经网络的构造和学习有了理论指导，在 Hopfield 模型的影响下，大量学者又激发起研究神经网络的热情，积极投身于这一学术领域中。因为 Hopfield 神经网络在众多方面具有巨大潜力，所以人们对神经网络的研究十分重视，更多的人开始研究神经网络，极大地推动了神经网络的发展。

(2) Boltzmann 机模型：1983 年，Kirkpatrick 等认识到模拟退火算法可用于 NP 完全组合优化问题的求解，这种通过模拟高温物体退火过程来找寻全局最优解的方法最早是由 Metropli 等于 1953 年提出的。1984 年，Hinton 与年轻学者 Sejnowski 等合作利用统计物理学的概念和方法，首次研究多层网络的学习算法，提出了大规模并行网络学习机，并明确提出隐单元的概念，这种学习机后来被称为 Boltzmann 机。

(3) BP 神经网络模型：1986 年，儒默哈特(D.E. Rumelhart)等在多层神经网络模型的基础上，提出了多层神经网络权值修正的反向传播学习算法——BP 算法(error back propagation)，解决了多层前向神经网络的学习问题，证明了多层神经网络具有很强的学习能力，它可以完成许多学习任务，解决许多实际问题。

(4) 并行分布处理理论：1986 年，由 Rumelhart 和 McCkekkand 主编了 *Parallel Distributed Processing*：*Exploration in the Microstructures of Cognition* 一书；该书中，他们建立了并行分布处理理论，主要致力于认知的微观研究，同时对具有非线性连续转移函数的多层前馈网络的误差反向传播算法即 BP 算法进行了详尽的分析，解决了长期以来没有权值调整有效算法的难题。可以求解感知机所不能解决的问题，回答了 *Perceptrons* 一书中关于神经网络局限性的问题，从实践上证实了人工神经网络有很强的运算能力。

(5) 细胞神经网络模型：1988 年，Chua 和 Yang 提出了细胞神经网络(CNN)模型，它是一个细胞自动机特性的大规模非线性计算机仿真系统。Kosko 建立了双向联想存储模型(BAM)，它具有非监督学习能力。

(6) 1988 年，Linsker 对感知机网络提出了新的自组织理论，并在香农信息论的基础上形成了最大互信息理论，从而将神经网络引入信息应用理论领域。

(7) 1988 年，Broomhead 和 Lowe 用径向基函数(radial basis function, RBF)提出分层网络的设计方法，从而将神经网络的设计与数值分析和线性适应滤波相挂钩。

(8) 1991 年，Haken 把协同引入神经网络；在他的理论框架中，他认为认知过程是自发的，并断言模式识别过程即是模式形成过程。

(9) 1994 年，廖晓昕关于细胞神经网络的数学理论与基础的提出，给我们带来了这个领域新的进展。通过拓广神经网络的激活函数类，给出了更一般的时滞细胞神经网络(DCNN)、Hopfield 神经网络(HNN)、双向联想记忆网络(BAM)模型。

(10) 20 世纪 90 年代初，Vapnik 等提出了支持向量机(support vector machine, SVM)和 VC(vapnik chervonenkis)维数的概念。

第四阶段(高潮阶段)：经过多年的发展，已有上百种神经网络模型被提出。与此同时，新的挑战不断产生。特别是用计算机实现以符号处理为特征的人工智能时遇到的许多问题，这些问题和挑战的出现，使得人们重新寻找更接近于人类神经思维的计算模式；同时，随着计算机理论体系、软硬件技术和网络技术的飞速发展，许多原本无法实现的神经网络算法得以实现。所有这些因素再次引起神经网络的研究热潮。其中以深度学习(deep learning, DL)为典型代表的神经网络开始蓬勃发展，并在人们的生活中大规模应用。

2.1.3　深度学习——最具代表性的人工神经网络未来趋势之一

深度学习由 Geoffrey Hinton 等于 2006 年提出，深度学习是机器学习(machine learning, ML)的一个新领域。深度学习本质上是构建含有多隐层的机器学习架构模型，通过大规模数据进行训练，得到大量更具代表性的特征信息。深度学习算法打破了传统神经网络对层数的限制，可根据设计者需要选择网络层数。

深度学习是机器学习的新领域。深度学习被引入机器学习使其更接近于最初的目标——人工智能(artificial intelligence, AI)。它的最终目标是让机器能够像人一样具有分析学习能力，能够识别文字、图像和声音等数据。深度学习在语言和图像识别方面取得的效果，远远超过先前相关技术。它在搜索技术、数据挖掘、机器学习、机器翻译、自然语言处理、多媒体学习、语音等多个领域都取得了很多成果。深度学习使机器模仿视听和思考等人类的活动，解决了很多复杂的模式识别难题，使得人工智能相关技术取得了很大进步。

2006 年，机器学习大师、多伦多大学教授 Geoffrey Hinton 及其学生 Ruslan 发表在世界顶级学术期刊《科学》上的一篇论文引发了深度学习在研究领域和应用领域的发展热潮。这篇文献提出了两个主要观点：①深度学习模型学习得到的特征数据对原数据有更本质的代表性；②对于深度神经网络很难训练达到最优的问题，可以采用逐层训练方法解决。在这一文献中，深度模型的训练过程中的逐层初始化采用无监督学习方式。

2010 年，深度学习项目首次获得来自美国国防部门 DARPA 计划的资助。自 2011 年起，谷歌和微软研究院的语音识别方向研究专家先后采用深度神经网络技术将语音识别的错误率降低了 20%～30%，这是长期以来语音识别研究领域取得的重大突破。2012 年，深度神经网络在图像识别应用方面也获得重大进展，在 ImageNet 评测问题中将原来的错误率降低了 9%。同年，制药公司将深度神经网络应用于药物活性预测问题取得了世界范围内的最好结果。2012 年 6 月，Andrew NG 带领的科学家们在谷歌神秘的 X 实验室创建了一个有 16000 个处理器的大规模神经网络，包含数十亿个网络节点，让这个神经网络处理大量随机选择的视频片段。经过充分的训练以后，机器系统开始学会自动识别猫的图像。这是深度学习领域最著名的案例之一，引起各界极大的关注。

深度学习模型和传统浅层学习模型的区别在于：①深度学习模型结构含有更多的层次，包含隐层节点的层数通常在 5 层以上；②明确强调了特征学习对于深度模型的重要性,即通过逐层特征提取,将数据样本在原空间的特征变换到一个新的特征空间来表示初始数据,这使得分类或预测问题更容易实现。

深度学习理论的另外一个理论动机是:如果一个函数可用 k 层结构以简洁的形式表达,那么用 $k-1$ 层的结构表达则可能需要指数级数量的参数(相对于输入信号),且泛化能力不足。深度学习之所以被称为"深度",是相对支持向量机(supportvector machine, SVM)、提升方法(boosting)、最大熵方法等"浅层学习"方法而言的,深度学习所学得的模型中,非线性操作的层级数更多。浅层学习依靠人工经验抽取样本特征,网络模型学习后获得的是没有层次结构的单层特征;而深度学习通过对原始信号进行逐层特征变换,将样本在原空间的特征表示变换到新的特征空间,自动地学习得到层次化的特征表示,从而更有利于分类或特征的可视化。

深度学习所得到的深度网络结构包含大量的单一元素(神经元),每个神经元与大量其他神经元相连接,神经元间的连接强度(权值)在学习过程中修改并决定网络的功能。通过深度学习得到的深度网络结构符合神经网络的特征,因此深度网络就是深层次的神经网络,即深度神经网络(deep neural network, DNN)。

深度学习与浅学习相比具有许多优点:

(1) 在网络表达复杂目标函数的能力方面,浅结构神经网络有时无法很好地实现高变函数等复杂高维函数的表示,而用深度结构神经网络能够较好地表征。

(2) 在网络结构的计算复杂度方面,当用深度为 k 的网络结构能够紧凑地表达某一函数时,在采用深度小于 k 的网络结构表达该函数时,可能需要增加指数级规模数量的计算因子,大大增加了计算的复杂度。

(3) 在仿生学角度方面,深度学习网络结构是对人类大脑皮层的模拟。与大脑皮层一样,深度学习对输入数据的处理是分层进行的,用每一层神经网络提取原始数据不同水平的特征。

(4) 深度学习方法试图找到数据的内部结构,发现变量之间的真正关系形式。

2.1.4 人工神经网络特点

神经网络是由存储在网络内部的大量神经元通过节点连接权组成的一种信息响应网状拓扑结构,它采用了并行分布式的信号处理机制,因而具有较快的处理速度和较强的容错能力。神经网络模型用于模拟人脑神经元的活动过程,其中包括对信息的加工、处理、存储和搜索等过程。人工神经网络具有如下基本特点。

(1) 高度的并行性:人工神经网络由许多相同的简单处理单元并联组合而成,虽然每一个神经元的功能简单,但大量简单神经元并行处理能力和效果却十分惊人。人工神经网络和人类的大脑类似,不但结构上是并行的,它的处理顺序也是并行和同时的。在同一层内的处理单元都是同时操作的,即神经网络的计算功能分布在多个处理单元上，而一般计算机通常有一个处理单元，其处理顺序是串行的。人脑神经元之间传递脉冲信号的速度远低于冯·诺依曼计算机的工作速度，前者为毫秒量级，后者的时钟频率通常可达 10^8Hz 或更高的速率。但是，由于人脑是一个大规模并行与串行组合处理系统，因而在许多问题上可以做出快速判断、决策和处理，其速度可以远高于串行结构的冯·诺依曼计算机。人工神经网络的基本结构模仿人脑，具有并行处理的特征，可以大大提高工作速度。

(2) 高度的非线性全局作用：人工神经网络每个神经元接收大量其他神经元的输入，并通过并行网络产生输出，影响其他神经元，网络之间的这种互相制约和互相影响，实现了从输入状态到输出状态空间的非线性映射，从全局的观点来看，网络整体性能不是网络局部性能的叠加，而是表现出某种集体性的行为。非线性关系是自然界的普遍特性。大脑的智慧就是一种非线性现象。人工神经元处于激活或抑制两种不同的状态，这种行为在数学上表现为一种非线性人工神经网络。具有阈值的神经元构成的网络具有更好的性能，可以提高容错性和存储容量。

(3) 联想记忆功能和良好的容错性：人工神经网络通过自身的特有网络结构将处理的数据信息存储在神经元之间的权值中，具有联想记忆功能，从单一的某个权值看不出其所记忆的信息内容，因而是分布式的存储形式，这就使得网络有很好的容错性，并可以进行特征提取、缺损模式复原、聚类分析等模式信息处理工作，又可以作模式联想、分类、识别工作。它可以从不完善的数据和图形中进行学习并做出决定。由于知识存在于整个系统中，而不只是一个存储单元中，所以一定比例的节点不参与运算，对整个系统的性能不会产生重大的影响。能够处理那些有噪声或不完全的数据，具有泛化功能和很强的容错能力。一个神经网络通常由多个神经元广泛连接而成。一个系统的整体行为不仅取决于单个神经元的特征，而且可能主要由单元之间的相互作用、相互连接所决定。通过单元之间的大量连接模拟大脑的非局限性。联想记忆是非局限性的典型例子。

(4) 良好的自适应、自学习功能：人工神经网络通过学习训练获得网络的权值与结构，呈现出很强的自学习能力和对环境的自适应能力。神经网络所具有的自学习过程模拟了人的形象思维方法，这是与传统符号逻辑完全不同的一种方式。自适应性根据所提供的数据，通过学习和训练，找出输入和输出之间的内在关系，从而求取问题的解，而不是依据对问题的经验知识和规则，因而具有自适应功能，这对于弱化权重确定人为因素是十分有益的。

(5) 知识的分布存储：在神经网络中，知识不是存储在特定的存储单元中，而是分布在整个系统中，要存储多个知识就需要很多链接。在计算机中，只要给定一个地址就可得到一个或一组数据。在神经网络中要获得存储的知识则采用"联想"的办法，这类似于人类和动物的联想记忆。人类善于根据联想正确识别图形，人工神经网络也是这样。神经网络采用分布式存储方式表示知识，通过网络对输入信息的响应将激活信号分布在网络神经元上,通过网络训练和学习使得特征被准确地记忆在网络的连接权值上,当同样的模式再次输入时网络就可以进行快速判断。

(6) 非凸性:一个系统的演化方向,在一定条件下将取决于某个特定的状态函数。例如,能量函数,它的极值对应于系统比较稳定的状态。非凸性是指这种函数有多个极值,故系统具有多个较稳定的平衡态,这将导致系统演化的多样性。正如神经网络所具有的这种学习和适应能力、自组织、非线性和运算高度并行的能力,解决了传统人工智能对于直觉处理方面的缺陷,例如,对非结构化信息、语音模式识别等的处理,使之成功应用于专家系统、组合优化、智能控制、预测、模式识别等领域。

2.2　神经元及视觉皮层概念

科学家对于哺乳动物视觉皮层神经元的生物特性和运行机制的研究经历了几十年的探索过程。大脑皮层是生命体的最高神经中枢。人类大脑中有亿万个神经元,其中在大脑皮层组织中有几百亿个神经元,每立方毫米超过几万个神经元。这亿万个神经元组成的系统成了各种信息的处理中心,从而让大脑成为体现人类智慧的核心生物组织。大脑的主要组成部分之一是视觉系统。若想解开人类视觉系统的奥秘,就必须从研究构成大脑中视觉系统的最基本原件——神经元入手。

2.2.1　神经元

在生物体中,神经系统的基本功能是信号传导或信息传递,从低等动物到高等动物再到人类,其神经系统主要由神经细胞(也称为神经元)和神经胶质细胞构成。神经元具有接收刺激、传导信号和整合信息的能力,所以神经元是构成神经系统结构和功能的基本单位。神经胶质细胞分布在神经元之间,其主要功能是支持和保护神经元,参与神经元的调控及其受损后的修复等。

神经元的形状大小各异,它主要由细胞体和细胞突起构成。细胞体主要位于脑、脊髓和神经节中,是神经元的营养代谢和信息整合的中心。细胞突起从胞体上出发,又分为树突和轴突,轴突的末端叫突触,是神经末梢组织。每个神经元含有的树突数目不确定,可以是一个或者多个。树突主要用来接收刺激并将其以电信号的形式传入细胞体。而轴突在每个神经元中有且只有一个,它的主要功能是把兴奋等刺激信号从细胞体传送到其他神经元或腺体或肌肉等其他组织。

神经元是生命体传递信息的最基本单元,它能感受外界的刺激,并传导感受到的冲动,从而完成了对外界信息最初的加工。一个神经元中的树突、轴突、突触构成如图 2-1 所示。

树突是外界信号的输入端,用来接收神经冲动。

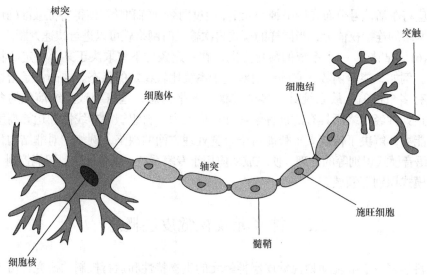

图 2-1　神经元中的树突、轴突、突触等构成图

　　轴突是信号的输出端，用来传递神经冲动。

　　突触是相邻神经元之间树突和轴突之间的连接组织。突触负责把一端轴突末梢输出的电脉冲信号转换为化学信号，再将化学信号转化为电信号传递给另一端神经元的树突，从而完成神经元之间的信号传输。

　　一个神经元轴突一端末梢有多个树突，这些树突可以从多个相邻的其他神经元接收信号。同时，一个神经元轴突的另一端末梢有多个突触，这些突触可以向多个相邻的神经元传递信号，从而形成单个神经元可以从多个相邻神经元接收信号，同时它本身也可以向多个相邻神经元传输信号的一个信号传递系统。由神经元组成的信号传递系统如图 2-2 所示。

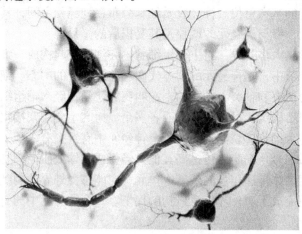

图 2-2　由神经元组成的信号传递系统

神经元如同所有细胞，存在跨神经元胞浆膜的电位差，称之为膜电位。膜电位是膜两侧通过离子所携带的电荷不均匀分布产生的。神经元膜电位分为静息电位、动作电位(脉冲)和分级电位。当神经元没有受刺激时，膜内外电位差称为静息电位，负膜电位是指内侧比外侧是负的。以静息电位为基准，电位升高称去极化，降低为超极化。由特化蛋白质引起离子运动具有不同的通透性，各离子通道的电导与电压和时间有关，通常去极化是钠离子内流造成的，超极化是钾离子外流造成的。如果去极化过程中，内流的钠离子超过外流的钾离子，电位

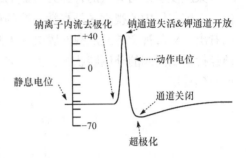

图 2-3　膜电位变化示意图

超过阈值，就会产生动作电位，产生动作电位的过程也可称发放脉冲，如图 2-3 所示。

细胞膜由于膜电位的变化形成放电脉冲，而电信号就是以脉冲的形式通过轴突传导。所以生物神经系统是通过放电活动来进行信息的编码、转移和整合，它们的放电脉冲形式能够反映细胞内外的环境和各种外部因素，从而显示出神经系统丰富复杂的非线性动力学行为。

对一个神经元来说，当相邻的神经元给它传递信号时所形成的电位超过该神经元本身阈值电位时，该神经元就会被激发，从而处于兴奋状态，这种状态称为点火，点火后的神经元就会产生神经冲动。处于兴奋状态的神经元的电脉冲信号在其轴突上传输至末端的突触，从而又去影响其他神经元。通过这种相互连接、相互影响、次第传输、逐步扩散的机制，完成信号在大脑皮层中的传输。

但是，神经元并不是对所有的电脉冲信号刺激立刻产生响应。神经元对外界信号有一个不响应的周期，称为不应期过程。不应期过程有两种，分别为绝对不应期和相对不应期。当一个神经元被激发后处于兴奋状态并输出电脉冲信号后约 1ms 的时间范围内，对外界的任何信号刺激包括强刺激，都不会响应从而也不会再次兴奋。这个现象称为神经元绝对不应期现象。在绝对不应期后的数毫秒内，该神经元的兴奋阈值电位显著提高，要使该神经元再次兴奋则需要更大强度的外界刺激信号的输入，这称为相对不应期现象。

Eckhorn 等基于对猫等哺乳动物的大脑皮层视觉区神经元的研究而提出的脉冲耦合神经网络的阈值指数衰减特性模拟了神经元的绝对不应期和相对不应期现象，从而使该模型更加逼真地模拟了真实神经网络的工作机理。

2.2.2 大脑皮层

大脑皮层是由大量的神经元形成的，是调节和控制生物体机能的最高中枢部位。大脑皮层中的视觉区是视觉系统的最高中枢，如图 2-4 所示。从图 2-4 中可以看出，双眼视觉神经从视网膜进入大脑时，先通过外侧膝状核，其中一部分视神经投射到同侧的外侧膝状核，另一部分交叉投射到另一侧的外侧膝状核，最后投射到皮层。

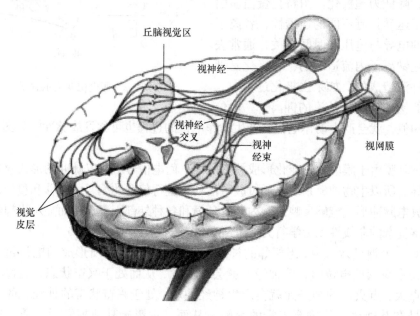

图 2-4　大脑皮层视觉通路

1987 年，Gray 等发现哺乳动物大脑皮层视觉区有神经激发与同步振荡现象，两年后，相关研究发表在 *Nature* 杂志。与此同时，Eckhorn 等根据猫的大脑皮层视觉区神经元同步脉冲发放现象，提出了 PCNN。

Gray 和 Eckhorn 等科学家的研究成果得出的结论是：神经元脉冲信号同步发放现象说明生物固有的视觉特性可以用局部的、可量化的特征来描述和模拟。Eckhorn 进一步总结出两种不同的神经元激发模式，分别是强制性激发(stimulus-forced)和诱导性激发(stimulus-induced)。强制性激发是由外界输入信号导致的结果，诱导性激发是由局部区域内相互连接的神经元相互影响导致同步振荡的一种脉冲发放现象。

发现脱氧核糖核酸(DNA)双螺旋结构并获得诺贝尔奖的 Crick 在其著作《惊人的假说——灵魂的科学探索》一书中对哺乳动物大脑皮层视觉区神经元的特性

进行了详细阐述，书中专门介绍了研究脉冲耦合神经网络的开山鼻祖 Gray 和 Eckhorn 等科学家研究猫的大脑皮层视觉区神经元的信号传导机制时观察到的同步脉冲振荡现象。在 Gray 和 Eckhorn 对猫的研究中发现，当猫的视野内出现适当刺激时，其大脑皮层视觉区神经元的兴奋引起的脉冲会引发周围相邻相似状态其他多个神经元的同步脉冲振荡。这种振荡频率在 35~~75Hz。

2.3　常见的哺乳动物视觉皮层神经元模型

科学家对于哺乳动物视觉皮层神经元的生物特性和运行机制的研究同样经历了几十年的探索过程。

哺乳动物的生物视觉系统是最复杂，同时也是最先进的装置。对于生物视觉的形成过程，视神经研究人员从视网膜到大脑皮层、从视觉通路到视觉皮层模型的建立做了许多工作。1906 年 Golgi 和 Cajal 研究神经系统结构，提出神经元学；20 世纪 50 年代 Hartline 发现侧抑制现象，并用它解释视觉心理现象；同时，Hubel 和 Wiesel 提出感受野概念；20 世纪 90 年代，Crick[61]通过研究视觉神经系统的理论和模型把同步脉冲发放的振荡现象作为神经网络的实现方式。

在哺乳动物的视觉系统中，视觉皮层是图像处理和分析的核心部分，是最高视觉中枢；因此，许多科学家对大脑视觉皮层展开研究工作，先后有 Hodgkin 和 Huxley[58]、Fitzhugh 和 Nagumo[59,60]、Eckhorn、Rybak[62]及 Parodi 等[63]对视觉皮层进行了研究。

如果仅对视觉系统进行定性研究，则无法更好地理解和模拟生物视觉系统。为此，科学家们建立了若干具有代表性的用以定量模拟视觉系统神经元的数学模型。

(1) Hodgkin-Huxley 模型：在研究神经元电生理活动时，直径大到 1mm 的枪乌贼轴突(图 2-5)是非常重要的实验标本。Hodgkin 和 Huxley 成功地将玻璃微电极无损伤地插入枪乌贼的轴突，用电压钳位技术得到枪乌贼轴突电生理活动的大量实验数据。

20 世纪 50 年代，Hodgkin 和 Huxley[58]利用微分方程来描述视觉皮层神经元。第一个提出哺乳动物视觉皮层的 Hodgkin-Huxley 膜电位模型中，神经

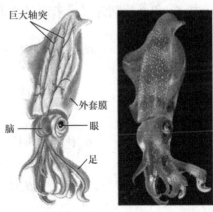

图 2-5　枪乌贼轴突

元的活动被描述成一个振荡过程。这被认为是对哺乳动物视皮层神经元模型研究
的第一次重大理论突破。该模型是一组非线性常微分方程构成的数学模型，描述
了动作电势在神经元中是如何产生和传播的。模型的基本组成包括电源、电导、
电池，在模型中用这些来表示细胞膜的生物物理学特征。

根据 Ohm 定律，有

$$I_{ion} = \overline{g_{ion}}(V - E_{ion}) \tag{2-1}$$

其中，I_{ion} 是电流，$\overline{g_{ion}}$ 是离子最大电导，V 是电压，E_{ion} 是平衡电位。

根据 Kirchhoff 定律，有

$$C\frac{dV}{dt} = -\sum_{ion} I_{ion} + I(t) \tag{2-2}$$

对于钾通道，需要有四个钾离子到通道外，才能开启通道，设 n 为钾离子
到达通道的概率；钠通道需要三个兴奋离子和一个抑制离子同时到达才能开
启通道，概率分别设为 m 和 h，于是由式(2-1)和式(2-2)得

$$C\frac{dV}{dt} = -g_K n^4(V - E_K) - g_{Na} m^3 h(V - E_{Na}) - g_L(V - E_L) + I(t) \tag{2-3}$$

其中，g_L 为漏电导，m, n 和 h 由下式决定：

$$\frac{dn}{dt} = \alpha_n(1-n) - \beta_n n \tag{2-4}$$

$$\frac{dm}{dt} = \alpha_m(1-m) - \beta_m m \tag{2-5}$$

$$\frac{dh}{dt} = \alpha_h(1-h) - \beta_h h \tag{2-6}$$

其中，α 和 β 分别为离子未通过通道和通过通道的比例，其各值如下所示：

$$\alpha_n(V) = 0.01(V + 10)\left(\exp\left(\frac{V+10}{10}\right) - 1\right)^{-1} \tag{2-7}$$

$$\beta_n(V) = 0.125\exp\left(\frac{V}{80}\right) \tag{2-8}$$

$$\alpha_m(V) = 0.1(V + 25)\left(\exp\left(\frac{V+25}{10}\right) - 1\right)^{-1} \tag{2-9}$$

$$\beta_m(V) = 4\exp\left(\frac{V}{18}\right) \tag{2-10}$$

$$\alpha_h(V) = 0.07\exp\left(\frac{V}{10}\right) \tag{2-11}$$

$$\beta_h(V) = \left(\exp\left(\frac{V+30}{10} \right) + 1 \right)^{-1} \tag{2-12}$$

对三个概率方程可以写成如下标准形式：

$$\tau \frac{\mathrm{d}n}{\mathrm{d}t} = -(n - n_0) \tag{2-13}$$

$$\tau = \frac{1}{\alpha + \beta} \tag{2-14}$$

$$n_0 = \frac{\alpha}{\alpha + \beta} \tag{2-15}$$

通过以上分析得如图 2-6 所示的 Hodgkin-Huxley 方程膜电位变化仿真图。

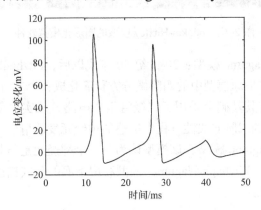

图 2-6　Hodgkin-Huxley 方程膜电位变化仿真图

　　建立视觉皮层模型的重要性在于神经元可以用一个微分方程来描述。膜间电流依赖于不同化学离子的变化率。神经元的活动被描述为振荡且动态变化的过程。虽然 Hodgkin-Huxley 原始模型被认为是生物物理学中的一个伟大成就，但是现代的 Hodgkin-Huxley 模型已被扩展为包含额外的离子通道分布以及高度复杂的树突和轴突结构。

　　Hodgkin-Huxley 模型很好地反映了细胞膜上电流的生物特征，但是不方便计算，电脑上用这种模型模拟神经元的电位变化是一件十分耗 CPU 算力的事情。

　　上述原始模型中各种参数的具体含义，以及模型的演进形式可参考维基百科相关资料(https://en.wikipedia.org/wiki/Hodgkin%E2%80%93Huxley_model)。另外，有关 Hodgkin-Huxley 模型的图形化模拟已有相关的软件，感兴趣的读者可以直接下载软件，通过调整模型参数观察模型的视觉效果(图 2-7)。软件下载网址为 http://www.cs.cmu.edu/~dst/HHsim/。

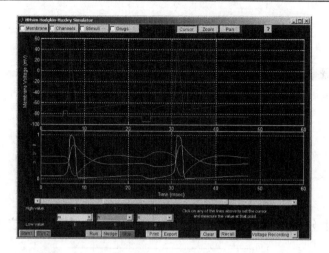

图 2-7　Hodgkin-Huxley 模型的图形化模拟软件

(2) Fitzhugh-Nagumo 模型：20 世纪 50 年代以后，Fitzhugh 开始致力于寻找模型的简化途径，并把原模型中的四阶微分方程简化成一个二阶非线性模型。1964年，Nagumo[59-60]在其基础上采用了二极管组成电路，从实验角度成功地模拟了 Fitzhugh 在所简化的二阶非线性方程中描述的神经元发放情形。因此该方程通常被称为 Fitzhugh-Nagumo 模型，该模型认为每一个神经元是与其他神经元连接的两个耦合的振荡器。Fitzhugh-Nagumo 模型利用下面的公式描述了一个兴奋的 x 和 y 之间的相互作用：

$$\varepsilon \frac{\mathrm{d}x}{\mathrm{d}t} = -y - g(x) - I \tag{2-16}$$

$$\frac{\mathrm{d}y}{\mathrm{d}t} = x - by \tag{2-17}$$

式中，$g(x)=x(x-a)(x-1)$，$0<a<1$，I 为输入电流，$\varepsilon \ll 1$。

上述方程描述了一个简单的耦合系统，通过仿真可以简单刻画出系统的不同特性。

Fitzhugh-Nagumo 模型作为 Hodgkin-Huxley 模型的简化形式，用更简单的方式描述细胞膜的放电行为。虽然简单，但却反映了神经元放电活动的主要特征，因此被广泛用来研究神经元的放电行为。后来的许多模型都是以 Fitzhugh-Nagumo 模型为基础进行研究和设计的。

图 2-8 描述了当外部电流输入 $I=0.5$，参数 $a=0.7$，$b=0.8$ 时的 Fitzhugh-Nagumo 模型所描述的振荡系统(x 轴是时间，y 轴是脉冲输出)。

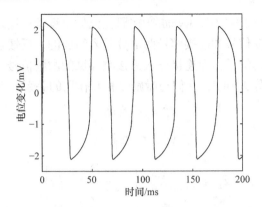

图 2-8　Fitzhugh-Nagumo 模型膜电位变化仿真图

在面向学者，以计算神经科学、动力系统、计算智能、物理学等为主要领域的百科网站 scholarpedia 上专门介绍了 Fitzhugh-Nagumo 模型的背景、原理、电路图、动态变化图等，感兴趣的读者可以前往了解(网址：http://www.scholarpedia.org/article/FitzHugh-Nagumo_model)。读者也可以到以下网站下载 Fitzhugh-Nagumo 模型的仿真软件：(https://brain.cc.kogakuin.ac.jp/~kanamaru/Chaos/e/FN/)，安装之后可动态观察系统的运行状态，如图 2-9 所示。

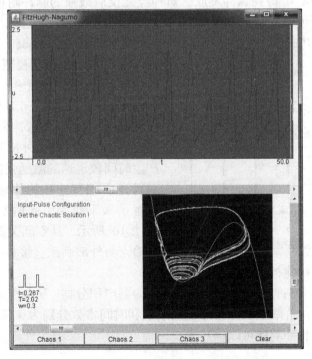

图 2-9　Fitzhugh-Nagumo 系统仿真运行图

(3) Rybak 模型：1992 年，Rybak[62]在研究天竺鼠视觉皮层时发现视觉皮层神经元的输入是由反馈信号和连接信号两部分输入组成的，反馈输入接收外部的激励信号和邻域的激励信号，而连接输入只接收邻域的激励信号。Rybak 模型的神经元有两个组成部分 X 和 Z，它们与激励 S 相互作用的关系如下：

$$X_{ij}^S = F^S \otimes \|S_{ij}\| \tag{2-18}$$

$$X_{ij}^I = F^I \otimes \|Z_{ij}\| \tag{2-19}$$

$$Z_{ij} = f\left\{\sum X_{ij}^S - \left(\frac{1}{\tau p+1}\right)X_{ij}^I - h\right\} \tag{2-20}$$

式中，F^S 为中心神经元的连接权值，表示"中心开/周围关"类型的连接；F^I 是局部神经元的连接权值，表示局部定向连接；S 为外部刺激，τ 为时间常数，h 为全局抑制项，$f\{\}$ 为神经传导函数。

虽然 Rybak 模型的方程不同于下面即将介绍的 Eckhorn 模型，但这两个模型所仿真出来的神经元行为方式非常相似。

(4) Eckhorn 模型：1988 年，Eckhorn 小组通过对猫视觉皮层的研究，较早记录到展现同步脉冲发放现象的 Gamma 振荡，用光通过初级皮层的 17 区神经元的感受野中心可得到脉冲发放，对神经元反应最强的脉冲附近的实验记录进行精细分析可得局部场电位具有 40~60Hz 的节律变化，这就是同步脉冲发放振荡现象，在此基础之上提出 Eckhorn 模型(linking field model，LFM，即连接输入模型)。Eckhorn 的模型描述了神经元的相互通信。它由反馈输入域、耦合连接输入域和脉冲发生域三个功能单元构成[64]。该模型中导致同步脉冲发放的激励机制有两种，一种是由外部刺激直接驱使产生时间较迅速的激励强制性同步，另一种是由相互连接的邻域内神经元的突触前激励作用引起诱发性同步。如图 2-10 所示，从空间关系上可看到反馈输入与外部刺激直接相关，而连接输入与邻域内突触前神经元的激励有关。

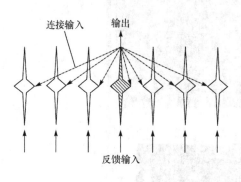

图 2-10　连接域模型神经元激励机制

Eckhorn 等将神经元电信号活动近似为漏电积分器，漏电积分器是一个线性时不变系统，若漏电积分器的放大系数和时间常数分别为 V_x 和 τ_x，则漏电积分器的单位脉冲响应可以描述为

$$I_x(t) = V_x \exp\left(\frac{-t}{\tau_x}\right), \qquad t \geqslant 0 \tag{2-21}$$

神经元的反馈输入项是反馈输入域各漏电积分器输出的加权和:

$$F_{jk}(n) = F_{jk}(n-1)\exp\left(\frac{-t}{\tau_F}\right) + v_F S_j(n) M_{jk} \tag{2-22}$$

$$F_k(n) = \sum_{j=1}^{f} F_{jk}(n) \tag{2-23}$$

其中, S_j 是第 j 个突触前神经元反馈域激励大小, v_F 为放大系数, τ_F 为时间常数, M_{jk} 是反馈域突触连接强度, f 是反馈域连接的神经元个数, k 为神经元的序号。

连接域和反馈域相似, 也由多个漏电积分器组成, 所以连接输入项为

$$L_{ik}(n) = L_{ik}(n-1)\exp\left(\frac{-t}{\tau_L}\right) + v_L Y_i(n-1) W_{ik} \tag{2-24}$$

$$L_k(n) = \sum_{i=1}^{l} L_{ik}(n) \tag{2-25}$$

其中, v_L 为放大系数, τ_L 为时间常数, W_{ik} 是反馈输入域突触连接强度, l 是连接的神经元个数。

通过连接输入和反馈输入进行非线性调制产生内部活动项:

$$U_k(n) = F_k(n)(1 + \beta L_k(n)) \tag{2-26}$$

当神经元的内部活动项大于阈值, 神经元发放脉冲:

$$Y_k(n) = \begin{cases} 1, & U_k(n) > E_k(n-1) + E_0 \\ 0, & \text{其他} \end{cases} \tag{2-27}$$

阈值主要由阈值漏电积分器决定, 该漏电积分器的放大系数和衰减时间常数分别为 v_E 和 τ_E 。

$$E_k(n) = E_k(n-1)\exp\left(\frac{-t}{\tau_E}\right) + v_E Y_k(n) + E_0 \tag{2-28}$$

其中, v_E 为放大系数, τ_E 为时间常数, E_0 为初值。

通过分析, 可以得出, Eckhorn 模型中神经元周期性输出脉冲, 具体输出脉冲的时间为

$$t(m) = t_1 + mt_2 = \tau_E \ln\frac{v_E}{C} + m\tau_E \ln\frac{v_E + C}{C}, \quad m = 0,1,\cdots,N \tag{2-29}$$

Eckhorn 模型的神经元点或周期为

$$T = t(m) - t(m-1) = \tau_E \ln \frac{v_E + C}{C} \tag{2-30}$$

其中，点火周期 T 称为 Eckhorn 神经元的自然周期，其值取决于内部活动项 C 的强弱和漏电积分器参数 v_E 的设置。

概括起来，Eckhorn 神经元模型有以下特点：

(1) Eckhorn 神经元模型输出的是二值脉冲时间序列，不受输入信号幅度的影响，但该脉冲序列的频率同时受控于内部活动项的大小和阈值漏电积分器的状态。

(2) Eckhorn 神经元模型的内部活动项是所有其收到的输入信号和周围神经元对其影响的综合，也是输入信号和连接输入的一种非线性调制，而传统神经元的输入是周围相连神经元各自加权输入的代数和。

(3) Eckhorn 神经元模型体现了神经元特有的非线性特性，其反馈输入域、耦合连接输入域、阈值控制机制都有指数衰减的漏电积分器，而一般传统神经元的结构远远没有这样复杂。

2.4　PCNN 的标准模型与电路理论解释

2.4.1　PCNN 的标准模型

尽管 Eckhorn 神经元模型具有出色的特性，但具体实现时还是存在诸多困难，Johnson 等对 Eckhorn 神经元模型进行改进，得到相对容易数字实现的模型，该模型被称为 PCNN。修改后的模型简洁直观，易于实现。PCNN 模型的提出，将视觉皮层的神经原理和模型应用到数字图像处理领域，具有开创性意义。

PCNN 的神经元模型如图 2-11 所示。PCNN 是一个由神经元构成的单层二维神经网络。神经元获取外部刺激输入的通道有两个，一个是反馈输入通道 F，另一个是连接输入通道 L。将反馈输入项和连接输入项进行非线性相乘调制后得到神经元的内部活动项 U。如果神经元的内部活动项 U 大于阈值 E 则发放脉冲。迭代过程中反馈输入单元 F 和连接输入单元 L 都按指数规律衰减，F 和 L 的数学描述用式(2-31)和式(2-32)表示：

$$F_{ij}(n) = e^{-\alpha_F} F_{ij}(n-1) + V_F \sum M_{ijkl} Y_{kl}(n-1) + S_{ij} \tag{2-31}$$

$$L_{ij}(n) = e^{-\alpha_L} L_{ij}(n-1) + V_L \sum W_{ijkl} Y_{kl}(n-1) \tag{2-32}$$

通过将上述两个功能单元进行非线性相乘便得到神经元内部活动项 U，神经元内部活动项 U 的数学表达式用式(2-33)表示，其中 β 为耦合系数：

$$U_{ij}(n) = F_{ij}(n)(1 + \beta L_{ij}(n)) \tag{2-33}$$

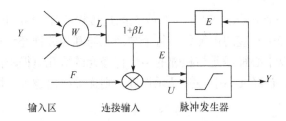

图 2-11 PCNN 的神经元模型

当神经元内部活动项 U_{ij} 大于阈值 E_{ij} 时,就发放脉冲 Y_{ij},Y_{ij} 用式(2-34)表示:

$$Y_{ij}(n) = \begin{cases} 1, & U_{ij}(n) > E_{ij}(n-1) \\ 0, & \text{其他} \end{cases} \tag{2-34}$$

当神经元发放脉冲 Y_{ij} 时,阈值 E_{ij} 立刻增大,然后阈值又按照指数逐渐衰减,直到神经元再次发放脉冲。阈值 E_{ij} 的这个衰减过程可用式(2-35)表示:

$$E_{ij}(n) = e^{-\alpha E}E_{ij}(n-1) + V_E Y_{ij}(n) \tag{2-35}$$

式(2-31)～式(2-35)构成了脉冲耦合神经网络的数学完整表示。式中,正常数 αF,αL 和 αE 分别为反馈输入域 F、连接输入域 L 和阈值 E 的衰减时间常数。其中,αE 越大,阈值下降越慢,PCNN 运行时间越长;V_F,V_L 和 V_E 分别为反馈放大系数、连接放大系数和阈值放大系数,或者按电路理论解释,可以将其分别称为反馈输入域、耦合连接输入域和动态门限(阈值)的固有电势,其中,V_L 对周围神经元的耦合输入进行比例调节,V_E 对点火周期起重要作用,它决定了点火后阈值被提升的程度;M 和 W 为突触连接矩阵,M 为反馈输入域 F 中 Y 的连接矩阵,W 为耦合连接域 L 中 Y 的连接矩阵;M 和 W 表示中心神经元受其邻域内周围神经元的影响大小;矩阵 M 与矩阵 W 对网络影响很大,一般情况下采用高斯距离加权函数作为内部连接矩阵的参数。这种参数设置只与两神经元的距离有关系,神经元之间相互产生的影响随着距离的增加而变小;β 为耦合连接系数,大多数情况下,β 是一个在[0,1]区间上的常数,β 调节着周围神经元之间的相互影响程度,β 值大意味着是强连接网络,β 值小意味着是弱连接网络。较大的 β 值能引起较大范围的脉冲同步。研究者对自适应 PCNN 模型的研究大多都是集中在对 β 的自适应设置上。S_{ij} 为输入激励,激励越大,点火周期越短。αF,αL 和 αE 作为指数衰减因子,大的衰减因子会使网络中各项数据迅速衰减,这不利于对数据的精细化处理分析;而小的衰减因子会使网络运行周期漫长,时间成本高。

PCNN 的数字图像处理模型由脉冲耦合神经元构成的二维单层神经元阵列组成,网络中神经元数目与图像像素数目一样,每个神经元与每个像素一一对应,每个神经元处在一个 $n \times n$(一般 n 为 3 或 5)的连接权矩阵 M_{ijkl} 和 W_{ijkl} 的中心，其相邻像素为该矩阵中对应的神经元，每个神经元与其相邻神经元相连的权值有多种方案，例如，以中心神经元与相邻的某个神经元的欧几里得距离平方倒数作为连接权值。相邻的神经元离中心神经元越近，则连接权值越大，即相互影响作用越大。

2.4.2　PCNN 的电路理论解释

在 Eckhorn 等的研究基础上，Johnson 用电路理论解释了 PCNN 模型。图 2-12 为 PCNN 等效电路模型图，这里 E_m 为神经细胞固有电位，一般约为–70mV，$Y(t)$ 为神经元产生的脉冲，E_s 为突触后固有电位，一般约为+20mV，g_{m1}，g_{m2} 分别为细胞膜本身固有漏电导，$g_{s1}=F$，$g_{s2}=L$ 分别为本神经元轴突的突触前、相邻神经元树突的突触后输入电导(离子通道传输电导)，g_{12} 为连接距离电导，所有电阻在兆欧数量级，且 g_{12} 远大于 g_{m1}、g_{m2}，c_1、c_2 分别为各自细胞膜等效电容，数量级在纳法范围。

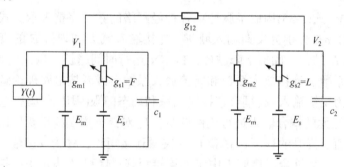

图 2-12　PCNN 等效电路模型图

对图 2-12 电路，写出其电压脉冲表达式如下：

$$V' = MV + R \tag{2-36}$$

其中，V, M, R 分别为

$$V = \begin{bmatrix} v_1 \\ v_2 \end{bmatrix} \tag{2-37}$$

$$M = \begin{bmatrix} -1/c_1(g_{m1} + g_{12} + F) & g_{12}/c_1 \\ g_{12}/c_1 & -1/c_2(g_{m2} + g_{12} + L) \end{bmatrix} \tag{2-38}$$

$$R = \begin{bmatrix} -1/c_1(g_{m1}E_m - E_sF + Y(t)) \\ 1/c_2(g_{m2}E_m + E_sL) \end{bmatrix} \tag{2-39}$$

v_1，v_2 为各自神经元细胞膜电位，这个表达式说明输出脉冲信号不仅与突触之间

的传导电导 F，L 有关，还与神经元本身的等效电容、固有电位、细胞膜本身的等效漏电导有关，这进一步说明了神经元能否激活除了取决于外部相邻神经元的输入之外，还与其本身的内部活动状态有关。当神经元电位 v_1 大于其激发阈值电位时，就会处于激发状态，产生脉冲电压信号 $Y(t)$，否则处于抑制状态或者静态，神经元细胞内部活动达到平衡，无脉冲信号输出，即电位 v 微分为零，所以由式(2-36)~式(2-39)可以推出

$$v_1 = \frac{-a + bF + cL + dFL}{a' + b'F + c'L + d'FL} \tag{2-40}$$

其中

$$\begin{aligned}
a &= \left\{ g_{m1}g_{m2}E_m + g_{m1}g_{12}E_m + g_{12}^2 E_m \right\} \\
a' &= \left\{ g_{m1}g_{m2} + g_{m1}g_{12} + g_{m2}g_{12} \right\} \\
b &= \left\{ g_{m2}E_s + g_{12}E_s \right\} \\
b' &= \left\{ g_{m2} + g_{12} \right\} \\
c &= \left\{ g_{m1}E_m + g_{12}E_s \right\} \\
c' &= \left\{ g_{m1} + g_{12} \right\} \\
d &= E_s \\
d' &= 1
\end{aligned} \tag{2-41}$$

式(2-40)实际上是神经元内部平衡时神经元细胞膜电位函数关系，这里 a 为本身固有漏电导影响部分，$bF+cL$ 为突触传输电导线性影响部分(bF 为输入电导影响，cL 为反馈传输电导影响)，dFL 为非线性效应影响部分。最后一项说明前面所述非线性相乘调制耦合特性由本神经元突触前与相邻神经元树突突触后之间输入电导电流传导作用引起，而这些输入电导本身受神经元脉冲电压 V 的控制，使得本神经元信息借助突触电导的这种压控特性传输到相邻神经元。

2.5 PCNN 的工作原理和基本特性

2.5.1 PCNN 的工作原理

1. 无耦合连接

如果 PCNN 模型中的耦合系数 $\beta=0$，反馈放大系数 $V_F=0$(模型公式见 2.4.1 节相关内容)，则 PCNN 系统成为各个神经元相互独立运行的组合。这种情况称为无耦合连接。

此时，式(2-31)～式(2-35)简化为

$$F_{ij}(n) = e^{-\alpha F} F_{ij}(n-1) + S_{ij} \tag{2-42}$$

$$U_{ij}(n) = F_{ij}(n) \tag{2-43}$$

$$Y_{ij}(n) = \begin{cases} 1, & U_{ij}(n) > E_{ij}(n-1) \\ 0, & \text{其他} \end{cases} \tag{2-44}$$

$$E_{ij}(n) = e^{-\alpha E} E_{ij}(n-1) + V_E Y_{ij}(n) \tag{2-45}$$

通过分析，可得出，PCNN 神经元周期性输出脉冲，并且输出脉冲的离散时间为

$$n(m) = 1 + n_1 + mn_2 = 1 + \frac{1}{\alpha_E} \ln \frac{V_E}{cS_{ij}} + m \frac{1}{\alpha_E} \ln \frac{cS_{ij} + V_E}{c'S_{ij}} \tag{2-46}$$

$$m = 0, 1, \cdots, N$$

PCNN 神经元点火周期为

$$T_{ij} = n(m) - n(m-1) = \frac{1}{\alpha_E} \ln \frac{cS_{ij} + V_E}{U_{ij}} = \frac{1}{\alpha_E} \ln \frac{cS_{ij} + V_E}{c'S_{ij}} \tag{2-47}$$

因此，在无耦合连接情况下，神经元周而复始地循环工作，兴奋产生输出脉冲。显然，对应以前连续时间分析时的自然周期，在离散模型中就变成了 T_{ij}，它是该神经元 ij 在没有受到别的神经元影响时的独立点火周期，也称神经元稳定点火周期。式(2-47)表明，外部刺激 S_{ij} 越大，该神经元点火周期越小，点火频率越高，意味着不同灰度像素在没有受到别的神经元影响时，其独立点火频率依赖于该像素灰度值。或者说，在图像中，多个相近灰度值神经元将在相同时刻点火，这也部分解释了 PCNN 同步脉冲发放现象的内在机理。

2. 耦合连接

利用耦合连接输入 L 对反馈输入 F 进行调制是神经元通信的关键，先假定有两个耦合的神经元 ij 和 kl，而且这两个神经元对应的激励满足

$$S_{ij} > S_{kl} \tag{2-48}$$

同时，对应于两个神经元的 PCNN 神经元模型其他参数完全相同。假设在 $t=0$ 时刻，这两个神经元同时点火。由式(2-47)可知，在第二次点火时，神经元 ij 比神经元 kl 先点火而输出脉冲，当有耦合时，因为内部活动项 U_{kl} 的耦合效应存在，所以神经元 kl 的内部活动项提前增大，当其超过对应的 E_{kl} 时，神经元 ij 捕获神经元 kl 使其提前点火，即神经元 kl 受到相邻神经元 ij 点火的影响而提前点火。

$$U_{kl}=S_{kl}(1+\beta L_{kl}) \geqslant S_{ij} \tag{2-49}$$

结合式(2-48)和式(2-49)可以得出 S_{ij} 被捕获的范围

$$S_{kl} \in \left[\frac{S_{ij}}{(1+\beta L_{kl})}, S_{ij} \right] \tag{2-50}$$

也就是说，当神经元 kl 的灰度 S_{kl} 满足这里的捕捉范围时，本来在 $t=t_0$ 时刻才兴奋点火的神经元 kl 将会随着其相邻的神经元 ij 的点火而提前兴奋点火。

这里仅仅分析了两个神经元的情况，推而广之，实际中，多个神经元的耦合将使得满足捕获范围的若干相似相邻的神经元提前兴奋点火。这就是 PCNN 在空间相邻或灰度近似的神经元之间可同步产生脉冲的原理。另外，从式(2-50)可以看出，当连接系数 β、耦合连接域 L 越大时，能够点火的灰度范围越广。所以，在耦合状态下，PCNN 能产生同步脉冲发放现象，即神经元振荡。

综上所述，PCNN 的工作过程大致可描述为：当网络开始运行后，如果某个时刻某个神经元的内部活动项 U 大于其动态阈值 E，该神经元被激活，输出一个脉冲。该神经元产生脉冲输出后其阈值 E 通过反馈迅速上升到某个高度，导致该神经元的脉冲产生器被关闭，停止发放脉冲。同时其阈值随时间推移开始指数级地持续衰减，当衰减到再一次小于其内部活动项时，神经元被激活而再次发放脉冲。如此周而复始。显然，该神经元的脉冲又会通过网络输入到与之相连的其他神经元上，从而激发其他神经元发放脉冲。可以看出，神经元的点火可以激励或引发邻域神经元的点火，同时却抑制它本身的点火。

2.5.2　PCNN 的基本特性

PCNN 神经元数学模型的内部运算特点可总结如下：

(1) 矩阵运算，多次迭代。

(2) 线性相加，非线性相乘。

(3) 三个漏电积分器，两次卷积。

(4) 输出是一个 0 和 1 的矩阵，输出与输入的幅度不存在比例关系。

PCNN 的网络运行特性可归结如下：

(1) 周期性点火特性。神经元阈值的动态衰减引起神经元脉冲发放，阈值按指数规律随时间衰减导致神经元周期性发放脉冲。

(2) 同步振荡特性。不同区域相同状态的一起振荡，同一区域相似状态的一起振荡。从同一时刻观察，连接输入对反馈输入的非线性调制，使得相邻神经元相互影响。当一个神经元发生脉冲时，信号会被传至与其相邻的其他神经元上，在网络连接的作用下会引起满足点火条件的相邻神经元比其原来时刻更早地发生脉冲，从而引起许多神经元同步发放脉冲的现象。

(3) 自动波特性。当一个神经元在发生脉冲后,与其性质相近或相同的相邻神经元会被激活而发生脉冲,使得因当前神经元发生脉冲而产生的振动被不断地扩散到其他神经元上。由于各神经元的点火周期不一样,不同神经元在不同时刻发放脉冲,从而形成以当前神经元为振动中心的自动波的传播。

(4) 单层神经网络特性。PCNN 是单层神经网络,而其他神经网络是多层。

(5) 免训练神经网络特性。PCNN 网络不需要训练,也无法训练,其参数需要手工经验调试或通过自适应方式决定。

2.6　研究界的关注

因为 Eckhorn 模型用来模拟神经网络的脉冲同步和脉冲动力学所采用的是一个简单而有效的方法,与真实的哺乳动物视觉皮层神经元比较接近。因此,更适合于视觉系统的描述。

然而,Eckhorn 神经网络模型从工程实现的角度来看存在不足。两个最重要的关键点为:一是模型中大量漏电积分器和非线性结构不利于理论分析;二是对同步振荡机理的理论描述比较模糊。为此,研究人员对 Eckhorn 神经元模型进行改进,提出了一些新的神经元模型[64-66]。Johnson 等[64,67,68]对前人有关 Eckhorn 神经元模型的改进进行了总结,并将其用于数字图像处理研究中。这种改进后的神经网络模型就被称为 PCNN。Izhikevich 等[69,70]从严格的数学角度证明了 PCNN 模型与实际生物细胞模型的一致性。Izhikevich 的这一研究成果奠定了 PCNN 理论及其应用研究的数学基础。

近几十年来,PCNN 因其哺乳动物视觉特性而被成功用于图像处理。Johnson 在文献[65]中基本上阐述了 PCNN 在图像处理中各个方面的应用,从 PCNN 最擅长的分割、滤波和特征提取,到图像融合、图像分解和边缘增强等。同时,PCNN 也被用于目标识别、特征提取、语音识别、组合优化、压缩编码等领域,并与遗传算法、数学形态学、小波变换理论等进行结合,取得了良好的应用效果。图 2-13~图 2-15 分别统计了近十几年来 ISI Web of Knowledge 库、EI 数据库和国内 CNKI 数据库中以 PCNN 为主题的科学研究文献(注:ISI Web of Knowledge 数据库和 EI 数据库检索方式为:文献篇名中包含关键词 "PCNN" 或者 "pulse coupled neural network";CNKI 数据库检索方式为:文献篇名中包含关键词 "PCNN" 或者 "脉冲耦合神经网络")。可以看出,自 2007 年以后,不管是国内还是国外,PCNN 的研究受到学界持续的关注。需要指出的是,我们仅仅统计在篇名中直接出现上述关键词的论文,并没有统计篇名中出现其他各种 PCNN 改进型模型名称(如 ICM，SCM，或它们的全称)的论文。即使从这个小范围的统计，我们也可以看出，学界对脉冲耦合神经网络的持续关注。

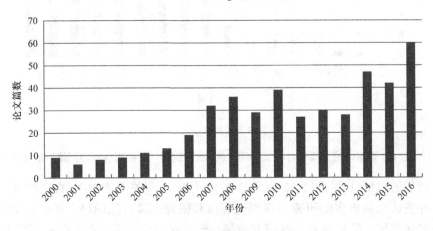

图 2-13　ISI Web of Knowledge 数据库中论文篇名含有关键词"PCNN"或者"pulse coupled neural network"的文献统计

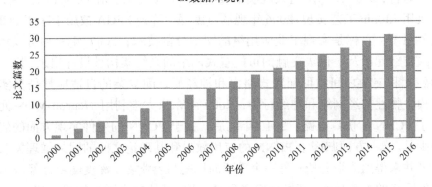

图 2-14　EI 数据库中论文篇名含有关键词 "PCNN" 或者 "pulse coupled neural network" 的文献统计

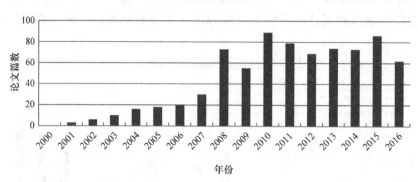

图 2-15　CNKI 数据库论文篇名含有关键词"PCNN"或者"脉冲耦合神经网络"的文献统计

　　我们通过统计(见图 2-16 和图 2-17), 可以看到关于 PCNN 的这种时空同步脉冲发放机制更多的研究是在理论层面和图像处理应用领域。而在工程领域、硬件实现领域, 虽然也有一些研究成果, 但相对较少。主要有: Kinser 等 1999年首次在商业芯片 CNAPS 中对 PCNN 进行了数字化实现; 同年日本学者用 CMOS 电路实现了对 PCNN 的硬件仿真, 利用脉冲流模仿了生物神经网络; 2000 年 PCNN 首次用硬件描述语言 VHDL 进行实现, 达到神经网络单位时间超高速运行; 2004 年利用超大规模集成电路 VLSI 实现了对 PCNN 的仿真, 其原型机用 130nm 工艺实现; 2006 年现场可编程门阵列 FPGA 被用于基于 PCNN 的硬件系统, 目标是实现工业应用级的图像分割技术; 2007 年一种可以承受百万级神经元以及上亿级突触的可配置式网络的系统架构被设计出来, 旨在通过神经元和突触之间的可配置式路由和神经元之间复杂的自适应性仿真实现大规模生物性神经网络和神经行为; 2009 年东京大学利用 Neuron-MOS 元件实现了 PCNN 的仿真电路。2010 年之后, 关于 PCNN 的硬件实现方面的研究较为少见。这一方面归因于 PCNN 的应用效果和其理论之间的因果推理关系一直以来并未得到清晰分析; 另一个重要原因是机器学习、深度学习已经成为人工神经网络的主流技术, 其发展突飞猛进, 造成其他神经网络的研究相对薄弱, PCNN 也不例外。

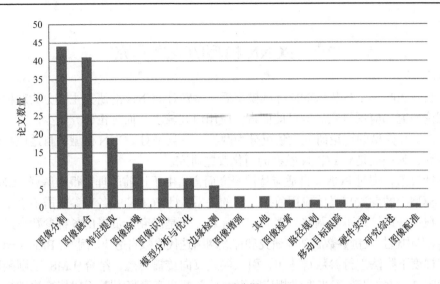

图 2-16 近三年(2015~2017)ISI Web of Knowledge 数据库中论文篇名含有关键词"PCNN"或者"pulse coupled neural network"的文献的研究主题统计

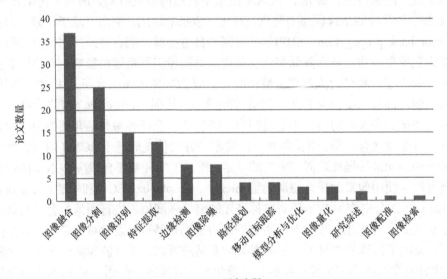

图 2-17 近五年(2013~2017)CNKI 数据库中论文篇名含有关键词"PCNN"或者"脉冲耦合神经网络"的文献的研究主题统计

2.7　PCNN 模型的改进研究

自从 Johnson 提出 PCNN 标准模型后，学界对 PCNN 的研究主要分为对模型的理论研究和应用研究。就目前而言，应用研究较多，而理论研究较少。

PCNN 模型的理论研究大致可分为两类，一类是对 PCNN 模型的自适应特性的研究，另一类是对 PCNN 模型的简化改进研究。

针对第一类对 PCNN 自适应特性研究而言，由于目前的理论很难解释 PCNN 数学模型中的参数与具体应用效果之间的关系，且 PCNN 的各项参数需要手工设置并根据处理结果不断调整，因而非常麻烦。于是研究人员提出各种参数自适应模型。其中包括关键参数自适应研究和神经网络迭代次数自适应。例如，Broussard[71] 根据梯度下降法进行参数自适应，引入误差反向传播思想，结合 LMS 准则函数和设定 λ 值(学习速率)来搜索相应的解；马义德和齐春亮[72]基于遗传算法进行参数自适应，利用 PCNN 的生物视觉特性和遗传算法的解空间随机搜索能力，来寻找关键参数的最优值，以提高图像处理的效率；张志宏和马光胜[73]提出了用信息曲线来表征图像特征，研究了 PCNN 模型中动态门限衰减系数的快速优化方法；马义德等[74]针对 PCNN 模型对亮度、对比度敏感的缺陷，提出了基于误差反向传播(error back propagation, EBP)学习准则的自适应脉冲耦合神经网络模型进行自适应设定模型参数，从而降低亮度、对比度对图像识别精度的影响；苗启广和王宝树[75]提出了一种结合人眼视觉特性的自适应 PCNN 图像融合新方法，使用图像逐像素的局部对比度作为 PCNN 对应神经元的链接强度，经过 PCNN 点火获得参与融合图像的点火映射图，再通过判决选择算子，选择各参与融合图像中的明显特征部分生成融合图像；李美丽和李言俊等[76]针对传统的基于 PCNN 的融合算法中每个神经元链接强度取同一常数的不足，提出了一种基于自适应 PCNN 图像融合新算法，使用像素的拉普拉斯能量(energy of Laplacian, EOL)和标准差(standard deviation, SD)分别作为 PCNN 对应神经元的链接强度值，进行图像融合；赵峙江和赵春晖等[77]提出用灰度信息量直方图来表征图像特征，通过对信息量直方图的分析，提出了估算 PCNN 时间衰减参数的自适应算法；于江波和陈后金等在文献[78]中针对参数的确定仍停留在经验阶段和手工方式这一问题，对 PCNN 模型进行理论上的推导，特别是模型各参数对 PCNN 特性的影响，给出了 PCNN 模型应用于图像处理中各参数确定的准则，将其应用于眼底图像处理中，取得与人工参数选取相似的效果，表现出较好的鲁棒性。就网络迭代次数自适应这一问题而言，其思想主要考虑如何让系统自动确定迭代次数,而不是通过人眼主观感觉来判断。目前确定迭代次数的参考方法主要有：基于信息熵的判定、基于交叉熵的判定，以及基于具体的应用环境制定标准来判定运行次数,比如,自适应图像分割、自适应图像融合等。总体而言,目前这方面有影响力的突破性的理论性成果不多。

对 PCNN 模型的简化改进研究属于后一类针对 PCNN 模型的理论研究。PCNN 由于其非线性的网络,矩阵的多次卷积以及并行特性要求,因而导致运算效果不高,因此对模型简化以提高运算效率是一个研究方向。在此主要介绍交叉皮层模型(intersecting cortical model, ICM)[79]和脉冲发放皮层模型(spiking cortical model, SCM)[80]。

2.7.1 ICM 模型

ICM 由 Kinser 等[79]于 2004 年提出,ICM 神经网络是专门针对图像处理应用而设计的基于多种大脑皮层神经元模型的数学模型。不同于 PCNN,PCNN 模型的设计主要参考 Eckhorn 大脑皮层神经元模型,而 ICM 参考了 Hodgkin-Huxley、FitzHugh-Nagumo 及 Eckhorn 等多种相关模型,是这些模型特性交叉的结果,同时也是对 PCNN 的简化。通过对 PCNN 进行简化处理,可以有效减少计算时间,使得 ICM 更适于实时处理[57,59]。ICM 比 PCNN 更易于实现,计算复杂度相对较小,只要对 PCNN 耦合系数 β 取 0,就可得到 ICM 模型,如式(2-51)~式(2-53)所示:

$$F_{ij}(n) = fF_{ij}(n-1) + \sum M_{ijkl}Y_{kl}(n-1) + S_{ij} \tag{2-51}$$

$$Y_{ij}(n) = \begin{cases} 1, & F_{ij}(n) > E_{ij}(n) \\ 0, & \text{其他} \end{cases} \tag{2-52}$$

$$E_{ij}(n) = gE_{ij}(n-1) + hY_{ij}(n-1) \tag{2-53}$$

其中,f 和 g 分别是反馈输入项和阈值的衰减系数,h 是阈值提升时的放大系数。一般来说,$0<g<f<1$,h 的取值一般较大,h 可以动态地改变神经元的阈值,可使发放脉冲后的神经元阈值迅速升高。当反馈输入大于活动阈值时,ICM 模型的神经元被激发,产生输出脉冲。

2.7.2 SCM 模型

SCM 是由绽琨等[80]于 2008 年提出的。在设计 SCM 模型时,受 Eckhorn 的思想启发,为了更好地描述生物电传输的指数衰减特性,以及视觉神经系统感受野受到适当刺激时相邻连接神经元同步脉冲发放产生γ振荡等特性,直接将反馈输入假设为外部激励,连接输入假设为脉冲调制的卷积,并且内部活动项本身带有用以表示神经元状态的衰减项。由此导出 SCM 的内部活动项为

$$U_{ij}(n) = fU_{ij}(n-1) + S_{ij}\sum_{kl}M_{ijkl}Y_{kl}(n-1) + S_{ij} \tag{2-54}$$

式(2-54)中 f 为内部活动项衰减系数，其余符号含义跟 PCNN 一样。

SCM 的脉冲输出用 S 型(Sigmoid)函数：

$$Y_{ij}(n) = \begin{cases} 1, & 1/(1+\exp(-\gamma(U_{ij}(n)-E_{ij}(n)))) > 0.5 \\ 0, & \text{其他} \end{cases} \tag{2-55}$$

式(2-55)中，参数 γ 是 S 型函数的倾斜系数。式(2-55)的条件由式(2-56)推得

$$\begin{aligned} &Y_{ij}(n) = 1 \\ \Rightarrow &U_{ij}(n) > E_{ij}(n) \\ \Rightarrow &-\gamma(U_{ij}(n)-E_{ij}(n)) < 0 \\ \Rightarrow &1 + \exp(-\gamma(U_{ij}(n)-E_{ij}(n))) < 2 \\ \Rightarrow &\frac{1}{1+\exp(-\gamma(U_{ij}(n)-E_{ij}(n)))} > 0.5 \end{aligned} \tag{2-56}$$

SCM 的阈值函数表示为

$$E_{ij}(n) = gE_{ij}(n-1) + hY_{ij}(n-1) \tag{2-57}$$

式(2-57)中 g 是阈值指数衰减系数，h 是阈值放大系数。

SCM 模型的完整数学方程如式(2-58)~式(2-60)所示：

$$U_{ij}(n) = fU_{ij}(n-1) + S_{ij}\sum M_{ijkl}Y_{kl}(n-1) + S_{ij} \tag{2-58}$$

$$Y_{ij}(n) = \begin{cases} 1, & \dfrac{1}{1+\exp(-\gamma(U_{ij}(n)-E_{ij}(n)))} > 0.5 \\ 0, & \text{其他} \end{cases} \tag{2-59}$$

$$E_{ij}(n) = gE_{ij}(n-1) + hY_{ij}(n-1) \tag{2-60}$$

传统的 PCNN 模型中有三个漏电积分器，要进行两次卷积运算。与传统的 PCNN 相比，在 SCM 模型中，只有两个漏电积分器，只进行一次卷积运算。这一点决定了 SCM 的时间复杂度低于 PCNN 传统模型。同时可以看出 SCM 的内部活动项与外部激励的关系更直接。

我们对 SCM 的内部活动项进行迭代运算后则有

$$U_{ij}(n) = \left(U_{ij}(0) - \frac{S_{ij}}{1-f}\right)f^n + \frac{S_{ij}}{1-f} \tag{2-61}$$

根据式(2-61)中内部活动项 U 与迭代次数 n 的关系，可得内部活动项的变化曲线如图 2-18 所示。从图中，可看到内部活动项最小值为 $U_{ij}(0)$，最大值为

$\dfrac{S_{ij}}{1-f}$，同时，内部活动项最大值与外部激励 S_{ij} 存在线性关系。

SCM 模型的阈值在没有发放脉冲前(即 $Y=0$ 时)可描述为

$$E_{ij}(n) = E_{ij}(0)g^n \tag{2-62}$$

通过式(2-62)所描述的阈值 E 与迭代次数 n 的关系，可得到阈值随迭代次数增加而变化的曲线如图 2-19 所示，从图中可看到阈值是按指数规律衰减的。式(2-62)中 g 的大小决定阈值衰减得快慢缓急。

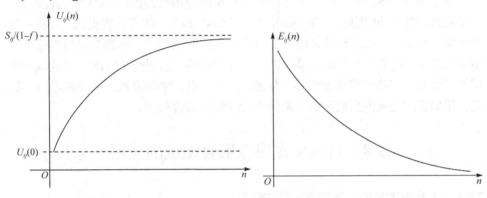

图 2-18　SCM 内部活动项 U 的变化曲线　　　　图 2-19　SCM 阈值的变化曲线

神经元的发放脉冲往往发生在反馈输入略大于阈值时刻，即

$$U_{ij}(n) \approx E_{ij}(0)g^n \tag{2-63}$$

SCM 运行过程时若满足式(2-63)则发放脉冲。SCM 网络运行中各种数据变化如图 2-20 所示。可见，某一神经元第 k 次发放脉冲时的迭代次数 n_k 为

$$n_k = \log_g \frac{U(n_1)}{E(0)} + \sum_k \log_g \left(\frac{U(n_k)}{U(n_{k-1}) + h} \right) \tag{2-64}$$

假设，当内部活动项等于输入激励时，可由式(2-64)推出神经元近似发放脉冲频率：

$$F = \log_g \left(\frac{1+h}{S_{ij}} \right) \tag{2-65}$$

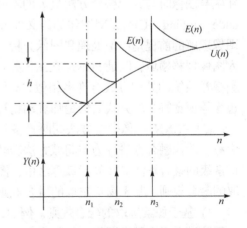

图 2-20　SCM 网络运行中各项变化曲线

综上所述，SCM 神经元发放脉冲的周期与输入激励的大小有关，激励值越大神经元发放脉冲时间越早。SCM

保留了 LFM 模型提出时的初衷，更接近生物特性，能很好地反映脉冲耦合神经网络运行中的同步脉冲发放现象。同时，研究发现 SCM 的赋时矩阵能很好地反映神经元的同步特性，通过分析赋时矩阵的特性，可以将其应用于图像处理领域中[59]。我们在进行 SCM 图像融合研究时，正是利用了 SCM 赋时矩阵的特性。这一点我们将在后面展开论述。

2.7.3 其他模型

除了 ICM、SCM 之外，也有许多针对特定应用而提出的 PCNN 改进模型。如张煜东和吴乐南[81]基于二维 Tsallis 熵对 PCNN 改进，使之收敛更快，并将之用在图像处理中；王兆滨和马义德[82]针对多聚焦多源图像融合问题提出的多通道模型 mPCNN；赵荣昌等[83]针对最短路径问题提出的三态层叠 PCNN；常威威和郭雷等[84]针对高光谱图像波段众多、数据量大的特点，对原始 PCNN 模型进行了扩充，用修正的变阈值指数对输入图像进行非线性融合处理。

2.8 PCNN 在图像融合领域的应用

2.8.1 基于 PCNN 的图像融合技术的优势

PCNN 起源于对哺乳动物视神经系统的研究，它是对哺乳动物视神经皮层的数学仿真模型，这一特性使得 PCNN 非常适合图像处理。基于 PCNN 的图像融合，也充分发挥了 PCNN 的视觉特性。基于 PCNN 模型的图像融合优势可以总结如下：

(1) PCNN 以哺乳动物视神经皮层机理进行图像理解和图像处理，这是 PCNN 在融合图像时与其他融合方法最大的不同，也是其最明显的优势。图像理解(image understanding, IU)就是对图像的语义理解。图像理解属于图像处理中的高层操作。图像理解的前提是图像处理和图像分析。虽然就目前而言，PCNN 虽尚未真正进入图像理解领域，但是 PCNN 在图像处理和图像分析两个领域，其处理方式与人类视觉系统的处理方式有许多相似之处。PCNN 对待图像的颜色、纹理、形状、边缘等视觉特征的方式恰恰是哺乳动物视神经皮层工作的方式。

(2) PCNN 图像融合方法同时具备基于窗口选取像素和基于区域选取像素的优势。图像融合方法分为空间域方法和转换域方法两大类。空间域的算法许多是像素级的融合算法。在像素级算法中，图像的融合规则可分为三类：基于像素选取的融合规则、基于窗口选取的融合规则、基于区域选取的融合规则。

1) 基于像素选取的融合规则。例如，像素平均法、加权平均法等。基于像素选取的融合规则假设图像相邻像素之间不存在相关性，显然，这种假设与实际情况并不相符，因此基于像素选取的融合规则无法获得十分满意的融合效果。

2) 基于窗口选取的融合规则。选取待融合像素的领域窗口(如 3×3、5×5 窗口),以该领域窗口内像素的统计特性来选取像素的一种融合规则。例如,以领域的能量、方差、方向能量、系数值作为领域统计特性。基于窗口选取的融合规则考虑了相邻像素间的相关性,因而提高了融合算法的鲁棒性,并取得不错的融合效果。

3) 基于区域选取的融合规则。由于单个像素或领域窗口并不能完全表征图像的局部特征,因此基于区域的融合是将能够体现该区域特征的多个强相关像素作为一个整体参与到融合过程中的,这种方法更能有效抑制融合痕迹。

就基于 PCNN 的融合方法而言,一方面,PCNN 中反馈输入通道中的连接矩阵以及连接输入通道中的连接矩阵都是一个领域窗口,相邻神经元之间通过两个通道中的领域窗口相互产生影响,因而具备基于窗口选择的融合特征。另一方面,PCNN 的同步脉冲发放特性,很好地表达了区域内强相关像素的关系,强相关像素往往具有相同或相似的脉冲发放特性。因而使得基于 PCNN 的融合方法也具备基于区域选择的融合特征。

(3) PCNN 是一种单层的不需要训练的神经网络,PCNN 的神经元与平面图像中的像素点之间是一一对应关系。在各种融合方法中,基于人工神经网络的方法以其特有的并行性和学习方式提供一种完全不同的数据融合方法,这类方法带有很强的人工智能属性。但是,将神经网络方法应用到图像处理时,网络的层次设计、每层的节点数设计,以及网络学习策略的设计给融合带来很大难度。而 PCNN 不存在这些问题,首先它是单层不需要设计网络层数;其次它的每个节点与图像的像素点一一对应,不需要考虑节点数;此外,它不需要训练因而也不需要设计学习训练策略。因此,PCNN 既拥有人工神经网络处理图像的优势,又不存在其他人工神经网络所面临的复杂局面。

(4) SCM 模型作为 PCNN 的简化模型在图像处理中的独特优势。

德国生理学家韦伯发现同一刺激差别量必须达到一定比例,才能引起差别感觉。也就是说感觉量的增加落后于物理量的增加,物理量呈几何级数增长,心理量呈算术级数增长,这个经验公式被称为 Weber-Fechner 定律[85]。Weber-Fechner 定律是表明心理量和物理量之间关系的定律,即感觉的差别阈限随原来刺激量的变化而变化,而且表现为一定的规律性,用公式表示,就是 $\Delta\Phi/\Phi=C$,其中 Φ 为原刺激量,$\Delta\Phi$ 为此时的差别阈限,C 为常数,又称为韦伯率。而作为人工神经网络的 SCM 对低强度的外部激励有着高敏感度,对高强度的外部激励有着低敏感度,也就是说 SCM 对物理量和感受量关系的描述,与 Weber-Fechner 定律一致[80]。因而,SCM 进行图像融合时,模仿了人眼对外界刺激强度的主观感受。因而,更加符合人眼视觉和心理感受[59]。本书介绍的融合研究就是基于 SCM 模型。

2.8.2　基于 PCNN 的图像融合技术的研究进展

早在 1999 年，Broussard 等[86]将 PCNN 用于图像融合用来检测图像中的特定目标，这是第一次系统地描述 PCNN 图像融合的研究工作，相关成果发表在 *IEEE Transactions on Neural Networks* 上。在该研究中，首先利用小波、形态学技术提取目标特征，然后利用 PCNN 进行分割，并对目标的特征信息进行融合，从而提高了目标检测精度；2005 年 Li 等[87]将 PCNN 和多尺度分解技术结合起来用于多模医学图像融合中。这是第一次将 PCNN 技术与多尺度分解技术(multi scale decomposition)结合起来进行图像融合；同年 Li 等[88]将图像分割区域的清晰度作为融合时对选择不同区域的权重，实验数据显示，特别在物体发生移动或者源图像没有精确配准情况下，也取得了不错的融合效果；Li 等[89]在 2005 年，第一次将小波包(WPA)和 PCNN 结合起来进行图像融合，利用 PCNN 的全局耦合和脉冲同步特性对小波包系数进行智能选择；2005 年，Miao 和 Wang[90]将 PCNN 用于多聚焦图像融合时，把每一像素的清晰度作为脉冲耦合神经网络中连接强度 β 的值，从而实现对 β 值的自适应设置，通过对比选择待融合区域的图像锐度进行图像融合。该方法为 PCNN 用于图像融合时参数设置这一难题提供了一种新思路；2005 年，Miao 和 Wang[91]在另一篇文章中将像素的对比度作为 PCNN 网络的连接强度进行融合。实验数据显示，这种融合很好地保留了融合后图像的边缘和纹理；文献[92]利用 PCNN 实现了基于像素级和基于区域特征的多传感器图像融合，并对 PCNN 参数进行自适应设置；Qu 和 Yan[93]利用 PCNN 进行多聚焦图像融合研究时，定义了一种区域点火强度(regional firing intensity，RFI)，提出了一种基于区域点火特性的 PCNN 模型(regional firing characteristic PCNN)，将离散小波变换得到的系数通过区域点火强度 RFI 进行选取；Wang 和 Ma[94]首次提出一种用于图像融合的双通道 PCNN 模型(dual-channel PCNN)，该方法不仅对源图进行了很好地融合，并且增强了融合后结果图像的质量；文献[95]首次将轮廓波变换与 PCNN 结合起来进行红外图像和可见光图像的融合研究。将轮廓波分解后的系数通过 PCNN 进行选择。研究中分析了基于 PCNN 的图像融合与基于单点像素特征或者区域特征的融合方法相比所具有的诸多优势，认为可以将该方法运用到光学成像、目标检测、安全检查等领域；文献[96]中也讨论了轮廓波变换与 PCNN 结合起来进行图像融合的问题；文献[97]中将图像首先分解成 8×8 的图像块，通过计算图像块的拉普拉斯能量获得特征映射图，并将该特征映射图作为外部刺激输入 PCNN，最后通过比较 PCNN 的输出进行图像块的选取；文献[98]中讨论了一种由方向信息激活的 PCNN 图像融合算法；文献[99]首次在合成孔径雷达图像(SAR)的融合领域，将非下采样轮廓波变换(NSCT)和 PCNN 结合起来进行图像融合研究。通过 NSCT 对图像的分解得到多尺度、多方向、平移不变的图像表示后，利用 PCNN 进行融合系数的选择；文献[82]提出了一种用于图像融合的多通道 PCNN 模型(multi-channel PCNN model, m-PCNN)，并将之用于医学图像融合领域。

从 2008 年以后，有关 PCNN 的融合研究逐渐被更多人关注，这方面的研究成果逐渐增多，用 PCNN 进行图像融合成为研究者关注的一个热点。目前已经有许多的文献做过不同角度的研究。大致而言，基于 PCNN 的图像融合研究可以归类为两种。

一种是利用 PCNN 独立完成图像融合。这其中，关注的主题有：如何减少 PCNN 图像融合算法的复杂度，例如，通过简化或改进 PCNN 模型、简化或改进 PCNN 参数的设置方式来实现。

另一种是将 PCNN 与其他技术结合起来共同完成图像的融合。利用 PCNN 与小波变换、金字塔算法、形态学，以及各种其他多尺度分解方法(如 NSCT 等)各自的优势进行图像融合，这方面的研究较多。值得一提的是，许多研究者将多尺度分解方法与 PCNN 相结合进行图像融合方面的讨论。例如，文献[100]~[103]将非下采样轮廓波变换与 PCNN 结合起来；文献[104]~[106]讨论了 PCNN 与小波相结合的图像融合；此外，多尺度分解方法与 PCNN 相结合的图像融合有：PCNN 与提升静态小波变换相结合[107]，PCNN 与剪切波变换技术相结合[108,109]，PCNN 与多参数离散分数随机变换(discrete multi-parameter fractional random transform)相结合[110]，PCNN 与表面波(surface)变换相结合[111]，PCNN 与波纹变换相结合[112]，PCNN 与曲波变换相结合[113]，PCNN 与正交小群变换(orthogonal grouplet transform)相结合[114]。关于 PCNN 与多尺度分解方法相结合进行图像融合的算法与技术实现，我们将在第 4 章详细论述。

对于基于 PCNN 的图像融合方法，在进行总结分析时还有一种常见的分类方法，即分为空间域融合算法和变换域算法。

(1) 空间域融合算法。

基于空间域的 PCNN 图像融合方法最为常见，虽然各种方法的实现途径不一样，但其基本原理和框架非常相似。其原理大致如下：首先引进一个中间变量 X，待融合的源图像经过处理后置换为 X，将 X 作为 PCNN 神经网络的刺激输入。经由 PCNN 处理，设置合理的融合规则，最终得到融合结果。在有些研究中，并没有设置中间变量，而是将源图像的像素作为神经网络的输入直接对接进行运算。目前，研究者根据不同的应用条件和场景，提出许多这一类的图像融合方法。例如，许多文献中，把图像的拉普拉斯能量设置为中间变量，将其作为外部刺激输入神经网络。还有一些将图像的方向信息或对比度等输入神经网络。对于彩色图像，一些文献中将图像的色调分量、饱和度分量和强度分量作为特征输入神经网络。

　　还有一些文献提出的基于空间域的 PCNN 图像融合方法，其创新点往往反映在对 PCNN 模型的研究和调整上。这种思路的出发点是合理的，因为很难有一种通用的模型能放之四海而皆准，对所有应用环境适用。这一类研究思路中，常见的有：对 PCNN 神经网络中的连接强度 β 参数进行调整，例如，将图像的灰度值梯度向量设置为 β 参数并自适应调整，还有一些文献中将局部方差或图像的拉普拉斯能量值作为 β 参数。除了对 β 参数进行调整，也有一些研究中将图像的清晰度作为神经网络中连接域的参数，以此来设置融合规则。

　　空间域融合算法中，基于多通道 PCNN 的方法也是全新的一种思路。在前述的融合方法中，每一个待融合的源图像都各自采用一个独立的 PCNN 网络，所有的 PCNN 网络之间是并行处理的。这种图像融合模式会增加计算复杂度，为了降低计算复杂度，许多研究者提出多通道 PCNN 模型。多通道 PCNN 模型中，多个源图像共享一个 PCNN 模型，该模型可以同步接收多个源图像的刺激输入。这种模型中，一个源图像或者该图像所对应的中间变量以通道的方式输入 PCNN 网络。多通道 PCNN 模型最早是在 1997 年提出的。1999 年多通道 PCNN 模型被用于图像融合。之后，许多文献中以多通道 PCNN 模型为研究主题，提出一系列融合方法。

　　(2) 变换域算法。

　　基于变换域的 PCNN 图像融合算法跟基于空间域的融合算法一样广受关注。首先介绍一下变换域的图像融合方法。这一类算法框架大致为：设待融合源图像 A 和源图像 B，首先将它们变换成频域内的相应系数(一般而言会将源图像 A 分解成高频系数 HA 和低频系数 LA，源图像 B 分解成高频系数 HB 和低频系数 LB)，两幅源图像相同像素点对应相同的系数，用某一方法 M1 去处理 HA 和 HB，将处理结果用融合规则 R1 去融合进而得到融合后的高频系数 HC。同样的道理，用某一方法 2 去处理 LA 和 LB，将处理结果用融合规则 R2 去融合进而得到融合后的低频系数 LC。最后利用融合后的高频系数 HC 和低频系数 LC 进行反变换进而得到融合后的图像。上述框架中，对于高频系数和低频系数，会采用不同的方法进行处理。基于变换域的 PCNN 图像融合算法也同样采取这一算法框架，具体地，就是设计基于 PCNN 神经网络特性的融合规则 R1 和 R2。近些年，常见的变换算法有(nonsubsampled contourlet transform, NSCT)，(contourlet transform, CT)，(wavelet transform, WT)，(ripplet transform, RT)，(bandelet transform, BT)，(grouplet transform, GT)，(shearlet transform, ST)，(nonsubsampled shearlet transform, NSST)，(framelet transform, FT)，(surfacelet transform, SFT)等。

　　在众多变换域算法中，小波是一种更好的多解析度分析工具，小波可以提供时间和频率的丰富信息。因此，许多研究者将 PCNN 和小波结合起来进行图像融合。常见的有：在小波域中利用 PCNN 去融合低频系数同时用结构相似度算子融合高频系数；或者，用小波系数作为 PCNN 网络中的连接强度，以此为依据对系数进行融合。除了传统的小波变换，离散小波变换也被引入到基于 PCNN 的图像融合算法中。与传统的连续小波变换相比，离散小波变换更加适合计算机实现。常见的方法有：将小波系数的局部熵作为 PCNN 网络的连接强度，或者利用 PCNN 去设计低频系数的融合规则而用互信息熵去设计高频系数的融合规则。最后利用算法重建融合图像。其他变换算法与 PCNN 相结合进行图像融合的框架大致与上述小波变换类似，不再一一介绍。

除了这些波类变换外，还有一些非波类变换同样可以与 PCNN 相结合进行图像融合。例如，金字塔分解(pyramid decomposition)、压缩感知(compressed sensing)、二维经验模式分解(bi-dimensional empirical mode decomposition, BEMD)、主成分分析法(principal component analysis, PCA)等。换句话说，如果某种图像处理技术本身可以分解图像，它就可以与 PCNN 相结合用于图像融合领域。这一类非波类变换中，金字塔变换常常作为对图像进行多尺度分析的有效途径，当然，也作为图像融合的有效手段。当金字塔变换和 PCNN 结合起来时，PCNN 往往用来处理通过金字塔变换后得到的高频或低频系数。

压缩感知是一种新的图像压缩方法，可用于基于 PCNN 的图像融合。它是在压缩测量而不是多尺度变换系数上进行的。源图像被变换为离散多参数分数阶随机变换域(discrete multi-parameter fractional random transform (DMPFRNT) domain)，其中 PCNN 用于提取有用信息，而 PCNN 的点火映射图用于确定融合参数。二维经验模式分解(BEMD)也是一类多尺度分析方法，它具有良好的空间特性和频率特性。可以用 PCNN 融合 BEMD 域中的低频成分。主成分分析法(PCA)可以有效地把高维数据如图像等构建成低维线性子空间数据。因此，可以将主成分分析法与 PCNN 结合起来进行图像融合。这类方法首先利用 PCA 将图像分解成低秩矩阵和稀疏矩阵，然后用经过处理的稀疏矩阵激活 PCNN 神经网络。

上述方法大多是在计算机上通过程序仿真实现的，很少有研究者尝试在硬件平台上利用 PCNN 设计和实现图像融合。1998 年 Johnson 等设计了一种脉冲耦合神经网络传感器融合系统。在它们设计的系统中，以不同方式相互耦合的多个 PCNN 用于组合单个二维融合图像。

虽然，近年来有关研究基于 PCNN 的图像融合算法不断推陈出新，但依然存在许多问题。首先，应该对 PCNN 模型本身进行进一步的研究。特别是应该对 PCNN 的许多潜在的神经网络特征进行深入探索。因为 PCNN 本身的研究才是其应用层面研究的核心动力。其次，我们要注意修正 PCNN 模型的合理性。也就是说，当我们打算修改 PCNN 模型并将其应用到某个领域时，我们要考虑是否应该遵循一些规则？例如，哪一部分可以改变？哪一部分不能改变？从现有文献中，我们发现许多研究人员根据他们的意愿对 PCNN 模型进行了修正。如果在基于 PCNN 的图像融合应用研究中对 PCNN 模型进行修正，那么研究者除了提供良好的算法性能和融合结果外，还应该对模型修正的合理性给出解释。最后，我们发现基于 PCNN 的图像融合方法的总体框架目前往往趋于一致，将来研究者应该探索更有效的基于 PCNN 的图像融合框架。

2.8.3　基于 PCNN 的图像融合技术的特点

通过分析现有的基于 PCNN 的图像融合技术，可以发现有以下几个特点：

(1) 基于 PCNN 的图像融合研究尚未出现成熟的、可走向工业级应用的理论体系和技术手段。基于 PCNN 的图像融合研究从开始到现在已有十几年了，研究人员通过分析和利用 PCNN 作为神经网络的优势、作为哺乳动物视神经机理模拟实现方法的优势，将 PCNN 的研究范围覆盖到图像处理、图像分析与图像理解三个层次上，进行了理论性研究和前瞻性讨论，并形成一些理论方面的进展和研究成果。但是，截至目前，尚未出现成熟的、可走向工业级应用的理论，其中一个主要原因是 PCNN 作为神经网络自身在参数设置方面的复杂性。其参数通过设置为经验值，通过自适应设置方式等实现，但缺乏一套通用的具有普适性的参数设置理论体系。

(2) 基于 PCNN 的图像融合研究缺乏相应的硬件实现技术。自 PCNN 理论提出开始，有关 PCNN 硬件实现的成果并不多。1999 年 Kinser 和 Lindblad[115]在商业芯片 CNAPS 中对 PCNN 进行了数字化实现；1999 年 Yasuhiro Ota 和 Wilamowski[116]用 CMOS 电路实现了对 PCNN 的硬件仿真模拟,利用脉冲流仿了生物神经网络，发挥了硬件的容错性和高速运算特性，并将设计的电路运用于图像处理；在另一篇文献[117]中，Ota[117]和 Wilamowski 描述了利用 CMOS 超大规模集成电路对电压模式下 PCNN 的仿真，该仿真电路运用紧凑架构设计，但能展示神经元所有基本属性。该系统的另一特征是每个神经元被设计成集输入端和输出端为一体的节点，以实现对实际生物神经元的真实模拟。对于该电路的有效性，研究人员用集成电路专用模拟程序 SPICE(simulation program with integrated circuit emphasis)进行了验证；2000 年 Waldemark 等[118]用硬件描述语言 VHDL 对 PCNN 进行实现，达到神经网络单位时间超高速运行；2004 年 Schreiter 和 Ramacher 等[119]设计了生物细胞的基于权重自适应的脉冲耦合神经网络，并利用超大规模集成电路 VLSI实现了仿真。其原型机用 130nm 工艺实现；2006 年 Javier Vega-Pineda 等在文献[120]中对基于 PCNN 和现场可编程门阵列 FPGA 的硬件系统实现进行了详细描述，该系统的目标是实现工业应用级的图像分割技术。优化后的硬件系统速度完全可以对图像进行实时处理；2007 年 Matthias Ehrlich 和 Christian Mayr 等[121]以单晶体形式设计了一种可以承受百万级神经元以及上亿级突触的可配置式网络的系统架构。认为可以通过神经元和突触之间的可配置式路由和神经元之间复杂的自适应性，实现大规模生物性神经网络和神经行为；2009 年东京大学的研究人员 Chen 和 Shibata[122]利用 Neuron-MOS 元件在超大规模集成电路上实现了 PCNN 的仿真电路。Neuron-MOS 元件的特性使得 PCNN 内部线性运算和非线性运算的实现变得十分容易。这是一种在纯电压模式中用紧凑结构对 PCNN 的实现。同时，研究人员在 0.35 微米双层多晶硅 CMOS 技术的概念验证芯片上对仿真电路的有效性和实际性能。

从上述 PCNN 硬件实现技术的研究成果和进展来看，与理论性研究相比，对 PCNN 硬件实现的研究讨论相对要少得多；另外，大部分硬件实现基本处于实验室设计和仿真阶段，例如，硬件仿真、原型机设计、实验室验证等。同时，迄今为止，尚未发现专门针对 PCNN 图像融合技术的硬件实现技术。

(3) 虽然通过调整个别参数进行简化 PCNN 模型(如减少参数、简化参数的设置方式)、改进 PCNN 模型进行图像融合的相关研究较多，但是利用 PCNN 的两种经典简化模型 ICM 和 SCM 做图像融合研究得很少。特别是，截至目前，尚未发现利用脉冲发放皮层模型 SCM 进行图像融合的相关研究成果和文献。

(4) 从近十几年的研究方向来看，将 PCNN 与多尺度分析方法(如小波变换、脊波变换、剪切波变换、曲线变换、轮廓波变换、金字塔分解、波纹变换等)相结合进行图像融合是研究者较多关注的一个方向，特别是有关 PCNN 与非下采样轮廓波变换(NSCT)相结合进行图像融合的讨论和研究较多。本书第 4 章将详细阐述有关非下采样轮廓波变换与 SCM 相结合进行图像融合的技术。第 5 章将详细阐述离散小波变换与 SCM 相结合进行图像融合的技术。

2.9 本 章 小 结

本章主要研究基于脉冲耦合神经网络的图像融合的原理、发展及特征。主要内容包括：

首先介绍了人工神经网络所经历的几个发展阶段和未来发展趋势；通过对哺乳动物视觉皮层神经元研究以及四种典型神经元模型介绍了 PCNN 概念的提出背景。

其次分析了 PCNN 的数学模型、工作原理，归纳出 PCNN 的内部运算特性和网络运行特性；以统计数据的方式分析了近十几年国内外研究人员对 PCNN 的关注程度；在分析有关 PCNN 模型改进方面的理论成果之后对 PCNN 的经典简化模型 ICM、SCM 作了介绍，特别是对作为本论文研究基础的 SCM 的数学模型和运算特性进行了详细分析。

最后归纳总结出本章的重点：①PCNN 作为人工神经网络进行图像融合的优势所在；②研究了自 1999 年 PCNN 用于图像融合领域开始至今的研究工作进展；③总结了基于 PCNN 的图像融合研究的特点，以及 PCNN 在硬件实现方面的技术进展和现状。

通过本章对大量相关文献的研究、归纳、总结，较为系统地为基于 SCM 的图像融合技术提供了研究框架，这一点为其他研究者进行后续相关研究较为重要。

第3章 基于脉冲发放皮层模型的多聚焦图像融合

3.1 引　　言

随着各种成像设备和技术的不断推出，图像的成像质量越来越高。但是，所有的成像系统和设备存在一个共同的问题，即因光学镜头的聚焦范围有限，不能覆盖所有画面，因此，只能对一部分物体进行聚焦，而不可能在一幅图像里让所有物体都能正确聚焦。多聚焦图像融合技术的研究目的就是通过将同一点拍摄的有不同聚焦范围的多幅图像进行融合，最终获得一幅所有物体都能被正确聚焦的结果图像。融合后的结果图像更加适合人眼的观察和机器的感知。

研究表明，PCNN 是一种有效的图像融合工具。近年，基于 PCNN 的图像融合技术不断出现。然而，利用 PCNN 进行图像融合时，其融合性能往往受制于 PCNN 本身的计算复杂度。因此，利用简化和改进的 PCNN 进行图像融合备受关注。

如前所述，脉冲发放皮层模型 SCM 作为 PCNN 的一种简化模型，来源于对哺乳动物视觉皮层的研究，同时是从 Eckhorn 的经典模型演变而来的。与 PCNN 相比，SCM 简化了计算复杂度。除此以外，SCM 自身的两个特点使得它适合图像处理。首先，SCM 与描述人类视觉特性的 Weber-Fechner 定律一致，即对低强度的外部激励有着高敏感度，对高强度的外部激励有着低敏感度，因此符合人眼视觉机理。其次，SCM 的赋时矩阵可以看作是人眼对外界刺激强度的主观感受[80]。

然后，截至目前，尚未发现有关将 SCM 用到图像融合领域的研究。因此，我们结合现有的基于 PCNN 图像融合的研究基础，将 SCM 神经网络模型首次运用到多聚焦图像融合领域。本章首先分析并研究 SCM 网络运行的一个关键参数——循环次数的设定方法，其次讨论图像清晰度的衡量评价准则，并定义了一种新的像素点清晰度评价准则。之后，给出基于 SCM 的多聚焦图像融合的算法、实验过程，以及对实验结果的讨论分析，最后将算法与其他现有的主流算法进行对比得出相关结论。

3.2 SCM 模型网络循环次数的设定

根据第 2 章中有关 PCNN 和 SCM 的讨论和比较，可以得知，传统的 PCNN 模型中有三个漏电积分器，要进行两次卷积运算。而在 SCM 模型中，只有两个漏电积分器，只进行一次卷积运算。这一点决定了 SCM 的时间复杂度低于 PCNN 传统模型。由 Lindblad[123]提出的 ICM 也是经典的 PCNN 简化模型。如果在 SCM 中，把链接强度设置为 0，则 SCM 就变成 ICM。因此，可以说，SCM 理论上具有 PCNN 和 ICM 双方共同的优点。SCM 神经元模型如图 3-1 所示，模型数学表达式如式(3-1)～式(3-3)所示。

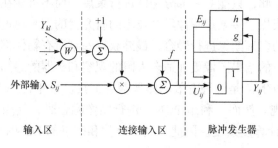

图 3-1 SCM 神经元模型

$$U_{ij}(n) = fU_{ij}(n-1) + S_{ij}\sum M_{ijkl}Y_{kl}(n-1) + S_{ij} \tag{3-1}$$

$$Y_{ij}(n) = \begin{cases} 1, & 1/(1+\exp(-\gamma(U_{ij}(n)-E_{ij}(n)))) > 0.5 \\ 0, & \text{其他} \end{cases} \tag{3-2}$$

$$E_{ij}(n) = gE_{ij}(n-1) + hY_{ij}(n-1) \tag{3-3}$$

基于 PCNN 和 SCM 的图像处理技术中的一个难点就是对神经网络循环次数的设定。如果循环次数 n 太大，那么时间开支成本会很高；如果 n 太小，则会因无法完全发挥 PCNN 的同步脉冲发放特性而导致难以获得理想的图像处理效果。关于这一问题，在过去的研究中，研究者提出了许多改进方法。在这些方法中，循环次数 n 通常由实验或者经验获得。在文献[80]中，SCM 的循环次数 n 设置为 37。

为了获得更好的循环次数设定方法，受到文献[90]和[124]启发，我们采用一个与源图相同大小的赋时矩阵 T 来设定循环次数。T 由下式定义：

$$T_{ij}(n) = \begin{cases} n, & Y_{ij} = 1 \\ T_{ij}(n-1), & \text{其他} \end{cases} \tag{3-4}$$

式中，T_{ij} 用来记录每一个神经元(i, j)的第一次点火时刻。初始时，矩阵 T 中的每一个元素初值设置为 0，如果神经元(i, j)一直不点火，则 T_{ij} 的值一直保持不变。

一旦神经元(i, j)在时刻 n(或在第 n 次循环时)点火，赋值 T_{ij} 为 n，此后，即使神经元(i, j)再次或者多次点火，T_{ij} 的值一直保持不变。根据 SCM 同步发放脉冲的原理，在源图中具有相同或相近灰度值的像素点，在赋时矩阵 T 中其首次点火时刻也是相同或相近的。因此，通过赋时矩阵 T，不仅可以描述 SCM 中每一个神经元的时间信息，而且保留了包括图像灰度值分布在内的空间信息。这些信息为进一步的图像处理带来很大的帮助。当所有的像素点完成点火，则循环过程结束。此时，赋时矩阵 T 中的最大值记录了循环次数。

3.3　像素点清晰度评价准则的设定

图像清晰度被认为是描述一幅图像的最关键特征之一[125]。在基于 PCNN 的多聚焦图像融合领域，过去的一些研究者将图像的清晰度设置为 PCNN 网络的外部刺激输入，并分析网络运行性能。实验结果显示，将图像清晰度作为外部刺激输入到 PCNN 网络时，网络的输出可以有效地反映 PCNN 的特性，并且通常还会有更佳的效果[102, 126]。

在本书中，我们将图像中每一个像素的清晰度设置为 SCM 神经网络的外部刺激输入，形成一个与源图像同样大小的清晰度矩阵，在这个矩阵中，如果一个像素点越清晰，其在清晰度矩阵中的值越大。

图像处理领域的研究者已经提出了许多图像清晰度评价的方法。大部分评价方法主要强调图像的高频信息部分，如边界信息、物体的轮廓信息等。Li 等[127,128]将空间频率(spatial frequency，SF)作为评价图像块清晰度的方法，在文献[129]和[130]中，图像的梯度能量(energy of image gradient)作为另一种清晰度评价方法。文献[131]和[132]讨论了自动对焦领域中图像清晰度评价方法(或者可以成为聚焦评价方法)。文献[125]详细介绍了 6 种最常用的图像清晰度评价方法，它们分别是方差(variance)、图像的梯度能量(energy of gradient，EOG)、Tenengrad 方法、图像的拉普拉斯能量(energy of Laplacian，EOL)、改进的拉普拉斯算子(sum-modified-Laplacian，SML)和空间频率(SF)。但总体而言，在多聚焦图像融合领域中，有关图像清晰度评价方法的研究并不是很多。

聚焦评价可以分为两类，即空间域聚焦评价和频域聚焦评价。但是，频域聚焦评价由于其复杂度而无法实现快速算法，所以在应用领域中关注较少。

本章中，我们仅讨论空间域聚焦评价。由于拉普拉斯能量算子 EOL 和梯度能量算子 EOG 对图像有很强的描述能力，因此，在有关图像处理领域中，经常将它们作为常用的工具。在 PCNN 图像应用中，有些研究者利用 EOL，或 EOG 设置相关参数。文献[102]中，将修正后的 EOG 设置为神经元连接强度 β，获得不错的实验结果。文献[125]通过对不同的图像清晰度评价方法进行实验验证后，认为EOL 和 EOG 是优良的清晰度评价方法。可以说，EOL 和 EOG 两者都是用于分析空间域高频信号以及图像边缘锐利程度的工具。

在此，我们借鉴图像清晰度评价方法 EOL 和 EOG 来设计像素点清晰度评价准则，从而从源图像中挑选聚焦像素和聚焦区域。

对于一个具有 $M \times N$ 像素点的图像，用 $f(i, j)$ 代表像素点 (i, j) 的灰度值，定义两个像素点清晰度评价准则 C^1 和 C^2。

$$
\begin{aligned}
C_{i,j}^1 = & -f(i-1, j-1) - 4f(i-1, j) - f(i-1, j+1) \\
& -4f(i, j-1) + 20f(i, j) - 4f(i, j+1) \\
& -f(i+1, j-1) - 4f(i+1, j) - f(i+1, j+1)
\end{aligned} \tag{3-5}
$$

$$
C_{i,j}^2 = \sqrt{\sum_{(i,j) \in N(xy)} \left((f(i,j) - f(i+1,j))^2 + (f(i,j) - f(i,j+1))^2 \right)} \tag{3-6}
$$

式(3-5)和式(3-6)中，$C_{i,j}^1$、$C_{i,j}^2$ 分别代表根据清晰度评价准则 C^1、C^2 公式求出的像素点 (i, j) 的清晰度值。$N(xy)$ 表示以像素点 (i, j) 为中心的领域。领域尺寸可根据图像的复杂度和需求的精度进行相应设置，一般而言选择一个 $n \times n$ 正方形区域，n 一般不小于 3。本章中，我们设定邻域大小为 3×3。

C^1 来源于图像的拉普拉斯能量算子 EOL，C^1 与 EOL 的关系为

$$
\text{EOL} = \sum_{i=1}^{M} \sum_{j=1}^{N} (C_{i,j}^1)^2 \tag{3-7}
$$

C^2 来源于图像的梯度能量算子 EOG，C^2 与 EOG 的关系为

$$
\text{EOG} = (C_{i,j}^2)^2 \tag{3-8}
$$

即 C^2 是局部梯度能量算子的平方根。EOG 是对图中的所有像素进行计算，而 C^2 是对单个像素点周围邻域(一般而言是 3×3、5×5)进行计算。

C^1 和 C^2 之间的差别，正如 EOL 与 EOG 之间的差别，C^1 更侧重于分析无方向性的空间域高频信号，而 C^2 侧重于分析图像边缘锐利程度和物体轮廓精确度。

在我们的研究中，通过一系列的实验验证，我们发现将 C^1 和 C^2 进行线性相加形成一个新的像素点清晰度评价准则 N_C，那么，与单独使用 C^1 或者 C^2 相比，新的评价准则 N_C 能进一步提高清晰度评价精度。N_C 定义如下：

$$
N\_C = C^1 + C^2 \tag{3-9}
$$

N_C 是 C^1 和 C^2 的综合，因而带有更多的信息细节和更丰富的图像清晰度分级级别。我们将在后面的实验中通过客观的数据分析和直观的视觉效果证明 N_C 作为像素点清晰度评价准则的优势。

3.4　基于 SCM 的多聚焦图像融合算法

设 A，B 为两幅尺寸同为 $M \times N$ 但聚焦不同的源图，F 为融合后的结果图像。注意：源图经过配准并且具有相同解析度。图 3-2 是两组多聚焦源图。其中 A1,B1 是两幅具有不同聚焦区域的猎豹源图(第一组)；A2,B2 是两幅具有不同聚焦区域的闹钟源图(第二组)；R1,R2 分别代表第一组和第二组的参考图，用来与融合后的结果图像进行对比。图 3-3 列出了我们提出的融合方法的流程图。

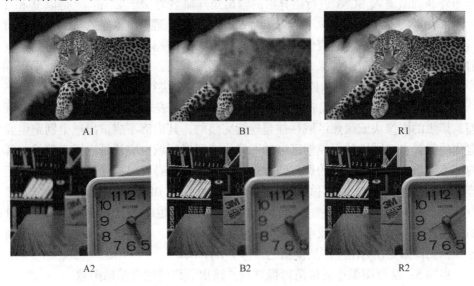

A1　　　　　　　　　　B1　　　　　　　　　　R1

A2　　　　　　　　　　B2　　　　　　　　　　R2

图 3-2　两组源图和参考图

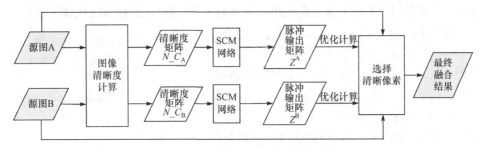

图 3-3　基于 SCM 的多聚焦图像融合流程

步骤 1：利用公式(3-5)和式(3-6)分别计算源图 A，B 的图像清晰度矩阵 C^1 和 C^2，并将 C^1 和 C^2 归一化到[0, 1]区间。其中，由像素点清晰度评价准则 C^1 计算的源图 A，B 的清晰度矩阵分别记为 C_A^1 和 C_B^1；同样的，由像素点清晰度评价准则

C^2 计算的源图 A、B 的清晰度矩阵分别记为 C^2_A 和 C^2_B；很明显，四个矩阵 C^1_A，C^1_B，C^2_A 和 C^2_B 的大小都为 $M×N$。

　　步骤 2：利用公式(3-9)计算源图 A、B 的图像清晰度矩阵 N_C，得到新的大小为 $M×N$ 的矩阵 N_C_A 和 N_C_B，即

$$N\_C_A= C^1_A + C^2_A \tag{3-10}$$

$$N\_C_B= C^1_B + C^2_B \tag{3-11}$$

　　步骤 3：分别将 N_C_A 和 N_C_B 依次作为 SCM 相应像素点的外部刺激输入。

　　由 N_C_A 作为外部刺激输入 SCM 进行运算后的输出矩阵命名为 Z^A；由 N_C_B 作为外部刺激输入 SCM 进行运算后的输出矩阵命名为 Z^B。Z^A 和 Z^B 是以 0 和 1 为内部元素的 $M×N$ 的矩阵。根据 SCM 处理图像的原理，像素点的灰度值被看作是神经元的外部刺激，灰度值越大的像素点点火时间越早；同理，我们将像素点清晰度作为外部刺激，如果一个像素点的清晰度越高，那么其点火时间越早。

　　步骤 4：根据光学聚焦原理对输出矩阵 Z^A 和 Z^B 进行优化。

　　矩阵 Z^A 和 Z^B 中，1 代表一个像素已点火，0 代表未点火。根据光学聚焦原理，聚焦的图像块或聚焦区域往往是连续完整的，其内部不应该出现个别跑焦或虚焦的像素点；同样的，模糊区域的图像块或图像区域也应该是连续完整的，其内部不应该出现个别零散的聚焦像素点[124]；因此，有必要根据这一规律对输出矩阵 Z^A 和 Z^B 进行优化。我们的原则是，如果像素点(i, j)的 3×3 邻域中大部分像素点点火，说明这个区域是一个清晰区域，则像素点(i, j)也应该是清晰的，即 $Z(i, j)=1$；如果像素点(i, j)的 3×3 邻域中大部分像素点没有点火，说明这个区域是一个模糊区域，则像素点(i, j)也应该是模糊的，即 $Z(i, j)=0$；

　　步骤 5：从源图像中挑选清晰像素点并输出最终的融合结果图像。

　　源图 A 中的像素点(i, j)以 A(i, j)表示，源图 B 中的像素点(i, j)以 B(i, j)表示，最终的融合结果图像 F 中的像素点(i, j)以 F(i, j)表示。图像 F 中的像素挑选算法如下：

　　(1) if Z^A (i, j) =1 and Z^B (i, j) = 0, then
F (i, j) = A (i, j);
//即 A (i, j)清晰，B (i, j)不清晰的情况；

　　(2) Else if Z^A (i, j) = 0 and Z^B (i, j) = 1, then
F (i, j) = B (i, j);
//即 B (i, j)清晰，A (i, j)不清晰的情况；

　　(3) Else if Z^A (i, j) = Z^B (i, j) = 1, or Z^A (i, j) = Z^B (i, j) = 0, then
If K^A (i, j)≥K^B (i, j) then F (i, j) = A (i, j); Else F (i, j) = B (i, j);
//即如果 A (i, j) 与 B (i, j) 都清晰（Z^A (i, j) = Z^B (i, j) = 1）或

者两者都不清晰 (Z^A (*i, j*) = Z^B (*i, j*) = 0)，则计算 A (*i, j*) 与 B (*i, j*) 各自 3×3 领域 K^A (*i, j*) 与 K^B (*i, j*) 中已点火的像素点数目。如果 K^A (*i, j*)≥K^B (*i, j*)，说明 A (*i, j*) 的 3×3 领域点火的像素点数目比 B (*i, j*) 中的多，则令 F(*i, j*) = A (*i, j*)；否则，令 F (*i, j*) = B (*i, j*)。

3.5　融合结果讨论与性能评估

为了验证融合算法的有效性，我们进行了一系列的仿真实验。我们设定 SCM 参数为：所有神经元内部活动项的初始值为 0，动态阈值初始值为 1，参数 f, g, h 和 γ 分别设置为 0.2，0.9，20 和 1。连接域 W 矩阵设为

$$W = \begin{pmatrix} 0.1091 & 0.1409 & 0.1091 \\ 0.1409 & 0 & 0.1409 \\ 0.1091 & 0.1409 & 0.1091 \end{pmatrix} \tag{3-12}$$

3.5.1　对三种像素点清晰度评价准则的性能评估

首先，我们求出两幅猎豹源图的三种像素点清晰度评价准则 C^1, C^2, N_C，分别将其作为 SCM 网络的外部刺激输入进行神经网络运算，并得到图 3-4 中的 6 幅输出矩阵图。图 3-4 中，(a), (c), (e)分别表示将第一幅猎豹源图(即图 3-2 中的 A1)分别以 C^1, C^2, N_C 为输入得到的输出矩阵图；(b), (d), (f)分别表示将第二幅猎豹源图(即图 3-2 中的 B1)分别以 C^1, C^2, N_C 为输入得到的输出矩阵图。从图中，我们很明显可以看到图(e), (f)中的点火区域与源图中相对应的清晰区域更加吻合，意味着利用 N_C 得到的输出矩阵可以使源图中清晰图像区域更加准确地点火。

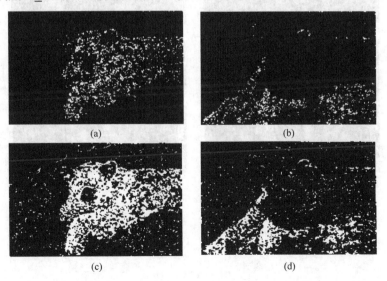

(a)　　　　　　　　　　　　　(b)

(c)　　　　　　　　　　　　　(d)

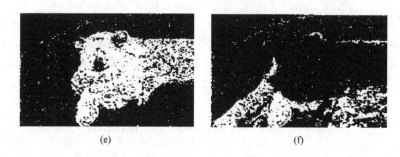

(e)　　　　　　　　　　　　　　　　(f)

图 3-4　对猎豹源图利用不同的像素点评价准则产生的 SCM 脉冲输出图

同样，对于两幅闹钟源图，我们也求出它们的三种像素点清晰度评价准则 C^1，C^2，N_C 分别将其作为 SCM 网络的外部刺激输入进行神经网络运算，并得到图 3-5 中的 6 幅输出矩阵图。图 3-5 中，(a), (c), (e) 分别表示将第一幅闹钟源图(即图 3-2 中的 A2)分别以 C^1，C^2，N_C 为输入得到的输出矩阵图；(b), (d), (f) 分别表示将第二幅闹钟源图(即图 3-2 中的 B2)分别以 C^1，C^2，N_C 为输入得到的输出矩阵图。从图中，我们同样很明显可以看到图(e), (f)中的点火区域与源图中相对应的清晰区域更加吻合。

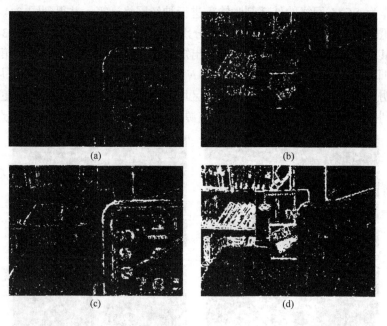

(a)　　　　　　　　　　　　　　　　(b)

(c)　　　　　　　　　　　　　　　　(d)

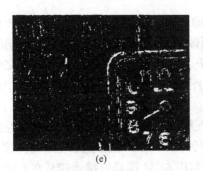
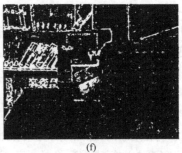

(e)   (f)

图 3-5 对闹钟源图利用不同的像素点评价准则产生的 SCM 脉冲输出图

    尽管人眼的主观观察有助于对融合结果图像性能的评价，但也会受到观察者个人的各种因素的影响，例如，眼睛视力、心态、心情等。因此，为了客观评价上述融合算法，我们选择四种评价函数：互信息量(mutual information，MI)[133]，标准差(standard deviation，SD)，拉普拉斯能量(energy of Laplacian，EOL)，以及均方根误差(RMSE)。互信息量 MI 衡量从源图像中转移到融合结果图像的信息量，MI 越大意味着融合性能越好；标准差 SD 的定义是总体各单位标准值与其平均数离差平方的算术平均数的平方根。对图像而言，标准差衡量的是各像素灰度值与图像的平均灰度值的离散程度，SD 越大融合效果越好；拉普拉斯能量也是衡量图像融合效果的关键指标。均方根误差是用来衡量观测值同真值之间的偏差的，它能够很好地反映出测量的精密度。对图像而言，均方根误差计算融合参考图像(最佳融合图像)和实际融合结果图像之间的偏差。这四种评价函数的数学定义如下：

$$
\begin{aligned}
\mathrm{MI} = &\frac{\sum_{i=0}^{L-1}\sum_{k=0}^{L-1} P_{\mathrm{A,F}}(i,k)\log((P_{\mathrm{A,F}}(i,k))/(P_{\mathrm{A}}(i)P_{\mathrm{F}}(k)))}{\mathrm{IE\_A + IE\_B}} \\
&+ \frac{\sum_{j=0}^{L-1}\sum_{k=0}^{L-1} P_{\mathrm{B,F}}(j,k)\log((P_{\mathrm{B,F}}(j,k))/(P_{\mathrm{B}}(j)P_{\mathrm{F}}(k)))}{\mathrm{IE\_A + IE\_B}}
\end{aligned}
\tag{3-13}
$$

$$
\mathrm{SD} = \sqrt{\frac{1}{m\times n}\sum_{i=1}^{m}\sum_{j=1}^{n}\left(f(i,j) - \frac{1}{m\times n}\sum_{i=1}^{m}\sum_{j=1}^{n} f(i,j)\right)^2}
\tag{3-14}
$$

$$
\begin{aligned}
\mathrm{EOL} = \sum_{i=2}^{m-1}\sum_{j=2}^{n-1} (&-f(i-1,j-1)-4f(i-1,j)-f(i-1,j+1) \\
&-4f(i,j-1)+20f(i,j)-4f(i,j+1) \\
&-f(i+1,j-1)-4f(i+1,j)-f(i+1,j+1))^2
\end{aligned}
\tag{3-15}
$$

$$
\mathrm{RMSE} = \sqrt{\frac{1}{m\times n}\sum_{i=1}^{m}\sum_{j=1}^{n}(f_{\mathrm{F}}(i,j)-f_{\mathrm{R}}(i,j))^2}
\tag{3-16}
$$

式(3-14)~式(3-16)中，A 和 B 代表源图像，F 代表融合结果图像，R 代表融合参考图像，$m \times n$ 表示灰度级为 L 的图像的尺寸，$f(i, j)$ 表示像素点(i, j)的灰度值，$P(i)$表示像素的灰度值为 i 的概率，$P_{A,F}(i, k)$表示源图 A 和结果图 F 之间的联合概率密度，$P_{B,F}(j, k)$表示源图 B 和结果图 F 之间的联合概率密度，IE_A 和 IE_B 分别表示源图像 A 和 B 的信息熵。

我们首先用上述的四种评价函数对三种像素点清晰度评价准则进行性能评价。表 3-1 显示的是在猎豹源图(第一组)和闹钟源图(第二组)上进行的 4 组实验结果。表 3-1 中，实验 1 进行直接融合法，即不利用 SCM 而是直接比较具有不同聚焦的两幅源图的清晰度矩阵 N_C，根据其大小选择清晰像素点进行融合得出的结果。实验 2、实验 3、实验 4 分别是将 C^1, C^2, N_C 作为 SCM 神经网络外部刺激输入并利用本节中的算法进行融合得出的结果。从实验结果中，我们可以看出：第一，三种基于 SCM 的融合算法优于直接融合法；第二，在基于 SCM 的三种融合算法中，以 N_C 作为 SCM 神经网络外部刺激输入的融合算法(实验 4)，其互信息量、标准差和拉普拉斯能量的值优于其余两种融合算法(实验 2 和实验 3)。两组实验证明，以 N_C 作为 SCM 神经网络外部刺激输入的融合算法更优。因此，我们选择以 N_C 作为 SCM 神经网络外部刺激输入进行进一步的融合实验。

表 3-1　直接融合及利用不同像素点清晰度评价准则融合的评价

评价指标		直接融合(实验 1)	SCM(C^1)(实验 2)	SCM(C^2)(实验 3)	SCM(N_C)(实验 4)
RMSE	第一组	5.5833	3.2066	3.4833	2.8462
	第二组	3.5253	4.0585	3.6702	2.8168
MI	第一组	4.2027	6.2773	6.2931	6.3181
	第二组	3.9866	5.4324	5.6011	5.6442
SD	第一组	10.9857	10.9728	10.9421	10.8007
	第二组	9.8233	9.7958	9.7999	9.2155
EOL	第一组	4.7628	5.1637	5.4821	5.3396
	第二组	7.1273	8.6736	7.5697	8.8632

注：表 3-1 中，实验 1 进行直接融合法，即不利用 SCM 而是直接比较具有不同聚焦的两幅源图的清晰度矩阵 N_C，根据其大小选择清晰像素点进行融合得出的结果。实验 2、实验 3、实验 4 分别是将 C^1, C^2, N_C 作为 SCM 神经网络外部刺激输入并利用本节中的算法进行融合得出的结果

图 3-6 和图 3-7 显示的是两组源图基于 SCM 融合算法过程的处理过程。图 3-6 和图 3-7 中：(a)和(b)显示的是源图的脉冲输出矩阵。(c), (d), (e)显示的是根据算法得出的不同聚焦区域。(c)显示的是在源图 A 和 B 中，要么在 A 中清晰聚焦要么在 B 中清晰聚焦的所有像素点的集合，即满足条件 $Z^A(i,j)=1$ 且 $Z^B(i,j)=0$，或 $Z^A(i,j)=0$ 且 $Z^B(i,j)=1$ 的像素点集合。(d)显示的是在源图 A 和 B 中同时清晰聚

焦或同时没有清晰聚焦，并且 A(i, j)的领域中清晰聚焦的像素点个数多于 B(i, j)的邻域中清晰聚焦的像素点个数的所有像素点的集合，即满足条件 $Z^A(i,j) = Z^B(i,j)$ 且 $K^A(i,j) \geqslant K^B(i,j)$ 的像素点集合。同理，(e)显示的是满足条件 $Z^A(i,j) = Z^B(i,j)$ 且 $K^A(i,j) < K^B(i,j)$ 的像素点集合。(f)显示最终的融合结果图像。我们通过观察，可以看到(f)中的图像不仅保留了两幅源图中的主要细节信息，并很好地将两幅图中的清晰区域融合在结果图中。

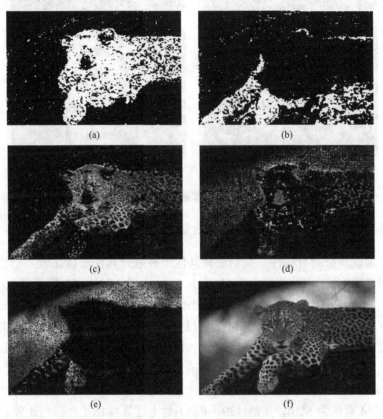

(a)

(b)

(c)

(d)

(e)

(f)

图 3-6 基于 SCM 的图像融合处理过程(猎豹源图)

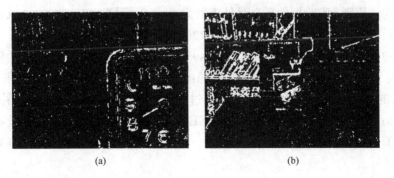

(a)

(b)

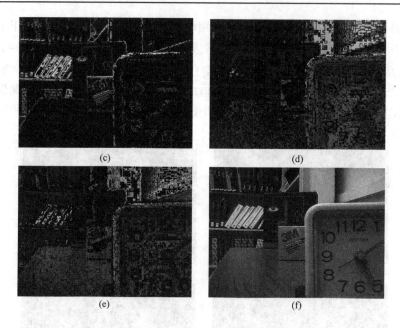

图 3-7 基于 SCM 的图像融合处理过程(闹钟源图)

3.5.2 基于 SCM 的融合算法与其他融合算法的性能比较分析

为了验证算法的有效性，我们选择其他十种融合算法进行比较[129, 134]，这些算法分别是平均法(averaging method，设为 M1，后同)，对比度金字塔算法(contrast pyramid，M2)，采用 DBSS (2, 2)的离散小波变换(discrete wavelet transform，M3)，FSD 金字塔算法(FSD pyramid，M4)，梯度金字塔算法(gradient pyramid，M5)，拉普拉斯金字塔算法(Laplacian pyramid，M6)，形态学金字塔算法(morphological pyramid，M7)，比率金字塔算法(ratio pyramid，M8)，平移不变离散小波变换(SIDWT with Harr，M9)，传统脉冲耦合神经网络算法(PCNN，M11)[129, 134]，本节提出的 SCM 算法为 M10。文献[129]和[134]对上述算法作了介绍与比较。有关参数设置为金字塔分解水平为 4。像素选取原则：高频系数按最大值原则，低频系数按平均值原则。实验硬件平台是处理器为 Intel Core[TM]2 Duo T7500 2.2GHz，内存为 4G 的 PC，仿真环境是 MATLAB R2007b。

表 3-2、表 3-3 以及图 3-8、图 3-9 显示了上述 11 种融合算法性能的客观评价。在猎豹源图(第一组)和闹钟源图(第二组)中，SCM 算法的指标 MI 和 EOL 的值均为最高，意味着 SCM 通过保护图像细节和多图中的互补信息，取得良好的融合效果；对于指标 RMSE，在第一组中 SCM 的性能没有比率金字塔算法和拉普拉斯金字塔算法好，在第二组中 SCM 的性能没有对比度

金字塔算法和拉普拉斯金字塔算法好，但与其余 7 种算法相比性能更优。实验数据同时显示，PCNN 算法的 MI，EOL 和 RMSE 指标也比其他几种算法好。从图表的数据和客观的分析，我们验证了 SCM 融合算法是一种有效的多聚焦融合算法。

表 3-2　猎豹源图不同融合算法的评估比较

	MI	SD	EOL	RMSE
M1	4.6035	10.8644	1.6624	6.2811
M2	5.6216	10.9792	4.4161	2.8665
M3	4.6938	10.9890	4.4428	3.3493
M4	3.7859	10.9316	3.3196	6.5535
M5	3.7896	10.9351	3.3185	6.5470
M6	5.5450	10.9821	4.4313	2.8368
M7	3.7363	11.0486	4.9019	4.3092
M8	4.6381	11.2424	2.6114	2.1715
M9	5.1798	11.0002	4.3959	3.0345
M10	6.3181	10.8007	5.3396	2.8462
M11	6.1012	10.9209	5.0482	3.4885

注：M10 为本节提出的 SCM 算法。

表 3-3　闹钟源图不同融合算法的评估比较

	MI	SD	EOL	RMSE
M1	4.1481	9.6028	1.4970	4.2679
M2	4.1909	9.9596	6.0579	2.6028
M3	3.7395	9.9500	5.6321	3.2198
M4	3.7075	9.6522	4.2129	4.6864
M5	3.7192	9.6498	4.1524	4.6999
M6	4.1293	9.9640	5.6337	2.6146
M7	3.4216	10.006	7.4951	5.5462
M8	4.1069	9.3948	2.9005	3.2901
M9	4.0466	9.9183	5.2473	2.8906
M10	5.6442	9.2155	8.8632	2.8168
M11	5.0407	9.1962	7.3832	2.9366

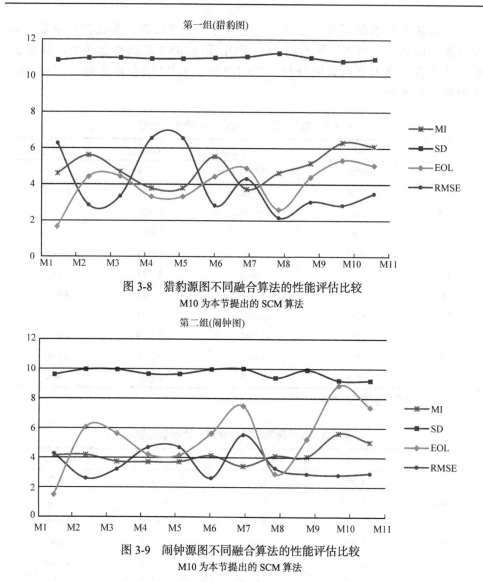

图 3-8 猎豹源图不同融合算法的性能评估比较

M10 为本节提出的 SCM 算法

图 3-9 闹钟源图不同融合算法的性能评估比较

M10 为本节提出的 SCM 算法

图像的性能评价分为主观(定性)评价和客观(定量)评价。为了进一步对不同融合算法的性能进行评估和比较，我们选择另外两幅多聚焦图像进行验证。图 3-10 显示的是小女孩图和墙砖图。图 3-10 中，(a)图是前景(小女孩)聚焦，(b)图是背景(墙与门)聚焦，(c)图是上下两边聚焦，(d)图是中间部分聚焦。

图 3-11 和图 3-12 显示由 M1～M11 十一种算法的融合结果图。从图中，我们看出，平均法 M1、FSD 金字塔算法 M4、梯度金字塔算法 M5、比率金字塔算法 M8 与其余算法相比，其融合结果图的画面有朦胧感清晰度不够；而对比度金字

图 3-10　另外两组多聚焦实验图(小女孩图和墙砖图)

塔算法 M2、形态学金字塔算法 M7、传统 PCNN 算法 M11 容易丢失局部细节信息。相比而言，采用 DBSS (2, 2)的离散小波变换 M3、拉普拉斯金字塔算法 M6 以及我们提出的 SCM 算法 M10 更好地保留了聚焦细节，具有更好的视觉效果。

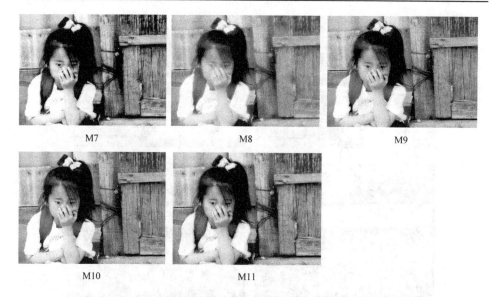

M7   M8   M9

M10   M11

图 3-11   用 11 种融合算法得到的融合结果图(小女孩)

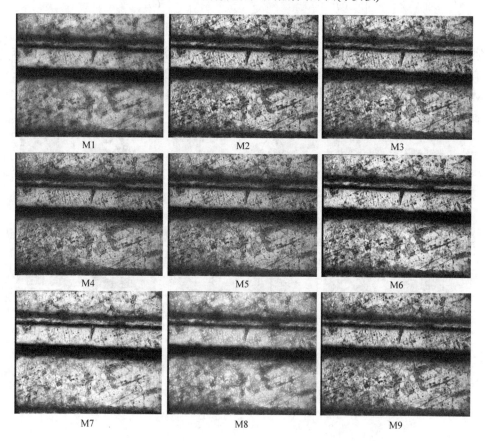

M1   M2   M3

M4   M5   M6

M7   M8   M9

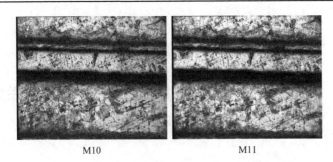

M10　　　　　　　　　　　　　　M11

图 3-12　用 11 种融合算法得到的融合结果图(墙砖)

3.6　本 章 小 结

目前讨论基于 PCNN 的图像融合技术的相关研究文献并不少见，但尚未发现有关基于 SCM 的图像融合技术的讨论。本章讨论了基于 SCM 的多聚焦图像融合技术。给出了 SCM 用于多聚焦图像融合的神经网络循环次数的设定方法，提出一种新的像素点清晰度评价准则并验证其有效性，给出了基于 SCM 的多聚焦图像融合的算法框架和算法步骤。

除了展示和分析了我们的融合算法的主观视觉效果，也通过一系列实验客观评估了其性能。结果显示这是一种有效的多聚焦融合算法。但是，算法本身还存在一些不足之处，首先，改进了 SCM 模型众多参数的一个，即网络循环次数，而对其余参数采用了经验值或其他文献和研究中的值。实际上，应该根据融合算法本身的特性对其余参数的设置方法，进行尝试改进，也许可以获得更好的融合性能。其次，该算法仅仅关注多聚焦图像融合，并没有考虑多源(多传感器)图像融合领域。这些需要在今后的研究中进一步关注。

第4章　基于脉冲发放皮层模型与非下采样轮廓波变换的多传感器医学图像融合

现有文献中许多传统融合算法对毫无关联的单独的像素点直接进行运算对融合效果会造成一定影响，而 SCM 由于其同步脉冲发放特性，很好地表达了区域内强相关像素的关系。本章中，利用非下采样轮廓波变换因其各向异性的轮廓波基使其在图像处理中具有刻画线奇异的优势，以及 SCM 的人眼视觉特性设计融合规则，将融合算法应用于医学图像融合这一具有实际应用意义的领域。

4.1　引　　言

4.1.1　医学图像融合背景与意义

医学成像技术和成像设备在医学诊断中变得越来越重要。先进的医学成像技术和设备使得放射科专家和医生快速准确地获得高清晰度的人体内部结构和组织的图像。不同的医学成像技术，例如，X 射线、计算机断层扫描(CT)、磁共振成像(MRI)、正电子发射计算机断层显像(PET)提供不同的人体透视图，因为它们的成像原理不同。

CT 成像原理上是通过体外 X 射线穿透身体被 CT 机器探测并成像。由于骨头、脂肪、肌肉、肝、肾等组织密度不同，X 射线穿过身体以后被不同程度地衰减，所以成像可以看到不同的组织。CT 由于有计算机的辅助运算，因此可以提供高分辨率的断层切面影像。

MRI 的原理是利用磁共振现象从人体中获得电磁信号，并重建人体信息。诊断基本原理是病变组织与周围正常组织密度不一样，或者位置、大小不一样。尽管 CT、MR 等医学成像设备可以显示高分辨率的人体内脏器官或组织的解剖形态学的变化，但它们显示身体功能代谢的变化不如核医学成像技术 PET。

PET 是注射同位素药物到身体里面，这些同位素药物被身体某个部位吸收后向外发射γ射线，被 PET 相机探测到并成像。由于身体内部发生异常的组织会异常吸收药物，因此 PET 图像可以看出病变。PET 能够深入分子水平反映人体的生理、生化过程，从功能、代谢等方面全面评价人体的功能状态，达到早期诊断疾病、指导治疗的目的。PET 成像定性准确，而且一次性完成全身显像。这极大地促进了其在肿瘤、脑神经系统疾病以及心脏病等方面的应用。

因此，CT 和 MR 只是单独地从影像学去定位人身体器官的结构布局，是组织影像，主要观察人体和器官的组织密度、水分密度等。而 PET 是从新陈代谢的角度去检测人体内细胞分子代谢布局，因此 PET 是分子水平的。可以说 PET 是核医学领域中最先进的显像技术。

不管是 CT、MR 还是 PET，不同的医学影像在诊断中提供了更好的人体内部的病变组织和疾病状况。但是，不同的医学成像技术也有自身的缺点。以先进的 PET 为例。虽然 PET 成像的强大功能显而易见，但其最大的缺点是人体器官解剖结构显示不够清晰。因此，如何把不同功能的成像技术结合在一起为人体诊断提供更丰富的图像信息成为医学成像的一个发展方向，由此而使得医学图像融合技术引起科学家和研究机构的重视。

从 20 世纪 80 年代开始，医学图像融合逐渐引起临床医学界的关注。2000 年世界上第一台同机一体化 PET-CT 在美国 CTI 公司研制成功，这意味着擅长功能显像的 PET 与擅长显示解剖结构的全身 CT 成功地结合起来，它可以发现身体内的早期肿瘤病变，并且可以准确定性和定位。这一发明被美国《时代》杂志评选为年度最伟大的发明创造。PET 与 CT 的同机组合极大地提高了临床医生对 PET 的认知度，所以一经问世便在世界范围内高速增长。我国于 2002 年引进国内第一台 PET-CT。目前 PET-CT 在国内已经呈现快速发展的趋势。在 PET-CT 的研制，以及类似的多台医学设备一体化的研制中，图像融合技术是其中的关键技术之一。

医学图像融合技术是将来自不同的医学成像设备的影像信息(如同一病灶区域的图像)通过一定技术进行配准和融合并形成一幅单独的融合图像，从而获得互补信息，增加信息量，使临床诊断和治疗更加准确和完善。医学图像融合在外科手术、放射科诊断、对人体的无创性诊断、制定病人治疗计划等方面具有非常重要的实用价值[135,136]。

医学图像融合思想刚刚提出时，产生了逐像素加权求平均等一些简单算法，但效果并不理想。到了 20 世纪 90 年代，医学图像融合开始成为医学图像领域的前沿课题。到目前，医学图像融合领域运用的有效理论和方法有很多。医学图像融合分为二维平面融合方法和三维立体融合方法。三维立体融合技术尚在研究中，在临床实际中应用少。在医学图像融合领域，金字塔变换算法、形态学算法、拉普拉斯变换算法、离散小波变换算法等的提出和运用，对医学影像发展产生了深远影响。

医学图像的融合主要步骤有：①图像预处理，例如，对待融合的原始图像进行去噪、增强对比度、区域分割，或者进行格式转换、时域频域变换等；②图像配准。由于不同的图像设备其成像模式不同，因而成像方位、时间、空间分辨率会产生差别。因此必须进行配准。图像配准是以误差最小化为原则，将不同图像进行归一化。使得多幅待配准的图像在空间分布上达到高度一致；③图像融合和显示。

虽然医学图像融合技术已经成功应用于医学诊断与疾病治疗，并产生不少商品化的软件系统和硬件设备。但是医学图像融合技术还存在不少难题和缺陷，比如，多种图像的模态差别、融合信息的正确解读和判断、融合结果的 3D 可视化程度不够等。这些难题和缺陷的存在使其在临床诊断与治疗上的通用性大大受限。在诸多的问题中，其中一个问题就是各种融合算法一般都是对特定的某一类图像有效，而且都有自己的不足和缺陷。比如，对比度金字塔算法在融合过程中会丢失源图像的许多信息，比率金字塔算法在融合过程中会产生许多原本在源图像中不存在的假信息，而形态学金字塔算法会带来不理想的边缘信息[82]。

4.1.2　多分辨率分析的发展演变：从小波到非下采样轮廓波变换

在医学图像融合领域，多分辨率分析(multi-resolution analysis, MRA)是一种重要的方法[23]。

多分辨率分析概念是由 S. Mallat 在 1988 年从计算机视觉的角度提出的。其核心思想是将信号在不同分辨率上进行分析。即对信号在高频的时候使用较细致的时间分辨率及较粗糙的频率分辨率，在低频的时候使用较细致的频率分辨率及较粗糙的时间分辨率。我们先给出多分辨率分析的定义。

空间 $L^2(R)$ 中的多分辨率分析指的是 $L^2(R)$ 中满足下列条件的一个空间序列 $\{V_j\}_{j \in Z}$:

(1) 单调性：对任意 $j \in Z$，有 $V_j \subset V_{j-1}$;

(2) 逼近性：$\bigcap\limits_{j \in z} V_j = \{0\}$，$\bigcap\limits_{j=-\infty}^{\infty} V_j = L^2(R)$ (即空间正交，且空间是包含整个平方可积的实变函数的空间);

(3) 伸缩性：$f(t) \in V_j \Leftrightarrow f(2t) \in V_{j-1}$，伸缩性体现了尺度变换和空间变化的一致性;

(4) 平移不变性：对任意 $k \in Z$，有 $\varphi_j\left(2^{-\frac{j}{2}}t\right) \in V_j \Rightarrow \varphi_j\left(2^{-\frac{j}{2}}t-k\right) \in V_j$;

(5) Riesz 基存在性：存在 $\varphi(t) \in V_0$，使得 $\left\{\varphi\left(2^{-\frac{j}{2}}t-k\right)\right\}_{k \in Z}$ 构成 V_j 的 Riesz 基。

Mallat 在多分辨率分析方面的开创性贡献可以归纳如下：

(1)研究了将一个函数 $f(x)$ 变换为在 2^j 分辨率下的近似，并刻画了这一逼近算子的数学特性;

(2) 说明了在 2^j 分辨率下的图像细节可以定义成在 2^j 分辨率和较高分辨率 2^{j+1} 下图像近似的信息差;

(3) 在多分辨率分析的基础上提出了离散正交二进小波变换的快速算法，也称马拉特(Mallat)算法。这一算法在小波变换中的地位相当于FFT在傅里叶变换中的地位；

(4) 将这一算法推广到了二维，可用于图像编码、纹理分析、边缘检测等。

随着多分辨率分析方法和小波理论构建的迅速完成，其实际应用也很快从数学、信号处理延伸到天文、地理、物理、生物、化学等各个领域，作为一种革命性工具，深刻地影响了各学科。

但是，小波在表达一维信号中取得了巨大成功，但同时研究者们发现小波在表示二维或者更高维的信号时并非是最优表示，小波并不能最优表示具有线奇异或者面奇异的高维函数。

为了能对高维信号进行更优的表示，人们提出许多新的表示方法。其中，多尺度几何分析(multi-scale geometric analysis)逐渐成为一个新的方向。多尺度几何分析被称为后小波分析，其核心问题是如何对信号进行最优的稀疏表示(sparse representation)，这种研究很快扩展到对图像的稀疏表示。目前，提出的多尺度几何分析方法有：曲波(Curvelet)，脊波(Ridgelet)，子束波(Beamlet)，条带波(Bandelet)，轮廓波(Contourlet)，剪切波(Shearlet)，方向波(Directionlet)等(有关上述多尺度几何方法的介绍，请参照第1章相关内容)。这些方法的提出是基于这样一个事实：根据各自函数的特征，对特定的函数和信号达到最优逼近。这些方法各自适合捕捉的图像特征为：脊波变换适合直线捕捉[27]，曲波变换和条带波变换适合光滑曲线上连续闭曲线[28-30]，子束波变换适合直线段，轮廓波变换适合分段光滑轮廓区域，方向波变换适合交叉直线[31]。

上述的脊波变换是为了解决二维或更高维奇异性而产生的分析工具。它对处理高维的直线状和超平面状的奇异性有很好的效果。在这一点上，脊波对小波起到了很好的补充作用。但是，标准的脊波变换仅仅对于具有直线奇异性的多变量函数有良好的逼近性，但对于含曲线奇异性的函数，并非是最优逼近。为了有效表示曲线奇异性，出现了一种单尺度脊波的实现方式，其基本思想是当把曲线无限分割时，每一小段可以近似看作是直线段。随后，D.L. Donoho等在单尺度脊波的基础上构造了多尺度脊波，称之为曲波(Curvelet)。曲波相当于将图像分割成点和线的集合，用小波变换处理点，用脊波变换处理线。尽管曲波对曲线奇异性有良好的逼近性，但由于它定义在连续域内，将其变换到离散域时，预测图像会出现块效应，并且产生图像重叠而导致冗余。为了解决这一问题，M.N. Do等结合前人思想提出轮廓波变换。它继承了曲波变换的各向异性尺度变换，在某种意义上说，它是曲波的另一种实现方式。

对于二维图像而言，其主要特征是由边缘刻画。由于轮廓波变换适合刻画描述轮廓，因此轮廓波变换在图像处理领域中得到广泛关注。但是轮廓波变换不具有平移不变性，为了解决这一问题，由Cunha, Zhou和Do等[37]于2005年提出了非下采样轮廓波变换(nonsubsampled contourlet transform，NSCT)。这是一种非下采样的、具有平移不变性的多尺度变换，NSCT 各向异性的轮廓波基使其在图像处理中具有刻画线奇异的优势，这比采用小波基的小波变换更优；同时，NSCT 具有平移不变性(shift invariance)，这一特性比下采样的轮廓波变换、曲波变换等多尺度几何分析方法更优。NSCT 可以提供更为丰富的时域信息和精确的频率局部化信息，是一种非常有效的图像处理工具。利用 NSCT 进行图像去噪、融合、特征提取、增强、编码等方法均能取得较好的效果。

从这些多尺度几何分析方法的产生和发展过程中，我们可以看出它们之间是一种相互继承、相互补充的关系。其发展思路大致如图 4-1 所示：

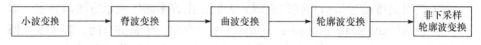

图 4-1　多尺度几何分析方法发展思路

在本章中，我们提出一种基于 SCM 与 NSCT 的多传感器医学图像融合方法。

近年来在图像融合领域，研究者已提出各种基于多尺度变换和脉冲耦合神经网络的图像融合算法。文献[137]提出了一种基于离散波线变换和交叉视觉皮质模(intersecting cortical model, ICM)的多模医学图像融合算法；文献[107]设计了一种基于提升静态小波变换和双通道 PCNN 的多元图像融合方案；文献[138]讨论了基于剪切波变换和 PCNN 的融合方法；文献[139]中，提出一种利用轮廓波变换域隐马尔可夫树模型(contourlet hidden Markov tree，CHMT)和清晰度驱动型 PCNN(clarity-saliency driven PCNN)进行遥感图像融合处理；文献[96]中，PCNN 第一次在轮廓波变换域中对可见光图像和红外图像进行融合；Qu 等[140]提出一种 NSCT 域中由空间频率(spatial frequency，SF)激发的 PCNN 图像融合方法；由 Xin 等[141]设计了 NSCT 域中基于双层 PCNN 模型的多聚焦图像融合技术，其实验结果显示出不错的融合效果；文献[142]也讨论了基于 PCNN 和 NSCT 的多传感器医学图像融合问题。

从上述研究中，我们可以看出将多尺度变换特别是 NSCT 变换与 PCNN 相结合进行图像融合的技术受到研究者的重视，并且不断有新的观点和研究内容出现。但是，在大多数此类算法中，研究者往往把像素点在空间域或者多尺度变换域中的值直接输入到神经网络中进行相关运算。实际上，人眼视觉系统更多时候对边、方向等特征更加敏感。因此，在多尺度几何分解变换中，对毫无关联的单独的像素点直接进行运算，效果达不到最佳[80, 141, 142]。因此本章中，我们利用 SCM 的人眼视觉特性和 NSCT 的平移不变性、多尺度多方向分解特性，采用空间频率 SF 作为 SCM 神经网络的刺激输入，在 NSCT 多尺度变换域中设计一种多传感器医学图像融合算法。

4.2　非下采样轮廓波变换

在小波变换中，小波基的支撑空间为正方形，小波变换只能捕获水平、垂直和对角线三个方向的信息，不能够最优地表达二维甚至更高维函数的线奇异或面奇异，因而需要有更优的多尺度变换来表述图像。2002 年，Do 和 Vetterli[31]提出了轮廓波变换法，一种被认为是"真正"的图像二维表示方法。图 4-2 表示了小波基与轮廓波基对曲线的描述方式对比。但是，轮廓波变换由于加入了下 2 采样的操作，这就导致轮廓波变换不具有平移不变性，而且在拉普拉斯金字塔分解中下 2 采样操作会引起低频部分的频谱泄漏现象出现，从而导致方向滤波组(directional filter bank)分解中方向频谱部分混叠，产生吉布斯现象[37]。

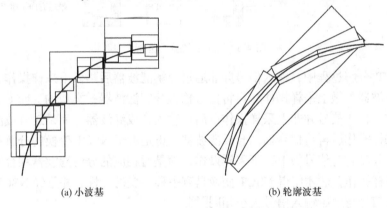

(a) 小波基　　　　　　　　　　　　　　(b) 轮廓波基

图 4-2　小波基与轮廓波基对曲线的描述方式对比

2006 年，Cunha 和 Zhou 等[37]受到非下采样小波变换的启发，提出了 NSCT。NSCT 变换法参照了 àtrous 算法思想设计的变换方法。它不仅继承了轮廓波变换法多分辨率、多方向、各向异性等特征，而且还具有平移不变性，是一种超完备的多尺度变换方法[143, 144]。目前，有关 NSCT 的研究正越来越多地出现在多源图像融合领域。

4.2.1　NSCT 的结构

图 4-3 显示了 NSCT 的分解框架。在 NSCT 的变换过程中，作为多尺度变换的非下采样金字塔滤波器组(nonsubsampled pyramid filter bank, NSPFB)和作为多方向变换的非下采样方向滤波器组(nonsubsampled directional filter bank, NSDFB)是分别独立进行的，这在图像的分解过程中有一定的灵活性，且两种变换的结合能够做到互补其各自的缺陷，从而可以获得很好的图像描述。NSCT 先对图像实行多尺度分解，然后再进行多方向分解，从而得到不同尺度、不同方向的子带图像。

在进行多尺度分解时 NSCT 采用的是非下采样金字塔(nonsubsampled pyramid, NSP)分解；在进行多方向分解时，NSCT 采用的是非下采样方向滤波器组 (nonsubsampled directional filter bank, NSDFB)。NSCT 不仅实现了图像的多尺度、多方向分解，而且实现了二维频域的理想划分[144]。

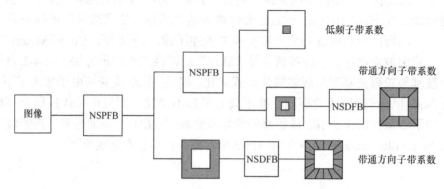

图 4-3　NSCT 的分解框架

NSCT 分解过程中，输入信号并非通过分解滤波器后再做下采样操作，而是对分解滤波器先做上采样操作后再将信号输入分解滤波器；类似的，NSCT 的重构过程中，输入信号并非上采样操作以后再输入合成滤波器，而是对合成滤波器先做上采样操作后再将信号输入合成滤波器。正是由于 NSCT 变换的分解和重构过程中，并没有对信号做上、下采样操作，而是对相应的分解滤波器和合成滤波器做上采样操作，这才使得 NSCT 变换具有平移不变的特性，并且经 NSCT 变换后的子带信号与原始输入信号大小相同[144]。

图 4-4 为 NSCT 对二维频域的理想划分示意图。

4.2.2　非下采样金字塔分解

NSCT 采用二通道非下采样滤波器组来实现 NSP 分解，如图 4-5 所示。

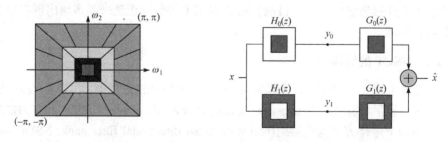

图 4-4　NSCT 对二维频域的理想划分　　图 4-5　二通道非下采样金字塔滤波器组

图 4-5 中,分解滤波器 $\{H_0(z), H_1(z)\}$ 和合成滤波器 $\{G_0(z), G_1(z)\}$ 满足如式(4-1)

所示的 Bezout 恒等式，从而保证 NSP 满足完全重构(perfect reconstruction，PR)条件。

$$H_0(z)G_0(z) + H_1(z)G_1(z) = 1 \tag{4-1}$$

每一级需要用滤波矩阵 $\boldsymbol{D} = 2\boldsymbol{I} = \begin{bmatrix} 2 & 0 \\ 0 & 2 \end{bmatrix}$ 对上一级进行滤波，则在 j 尺度下低通滤波器的理想频域支撑区间为 $\left[-\dfrac{\pi}{2^j}, \dfrac{\pi}{2^j} \right]^2$，而相应的高通滤波器的理想频域支撑区间为 $\left[-\dfrac{\pi}{2^{j-1}}, \dfrac{\pi}{2^{j-1}} \right]^2$。二维图像经 k 级 NSP 分解后，可得到 $k+1$ 个与源图像具有相同尺寸大小的子带图像，分解过程如图 4-6 所示。

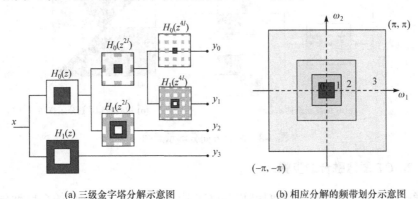

(a) 三级金字塔分解示意图　　　　　　　(b) 相应分解的频带划分示意图

图 4-6　非下采样金字塔分解

4.2.3　非下采样方向滤波器组

与实现 NSP 分解类似，当 NSCT 进行多方向分解时，所采用的 NSDFB 也为二通道非下采样滤波器组，只不过其形状是扇形的，其结构如图 4-7 所示。

NSDFB 实现精确重构，则 NSDFB 的分解滤波器 $\{U_0(z), U_1(z)\}$ 与合成滤波器 $\{V_0(z), V_1(z)\}$ 必须满足 Bezout 恒等式，即

$$U_0(z)V_0(z) + U_1(z)V_1(z) = 1 \tag{4-2}$$

NSCT 完成每次 NSP 分解后都会对每

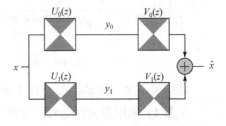

图 4-7　二通道非下采样方向滤波器组

一级 NSP 分解后所得到的高频子带图像采用 NSDFB 进行多级的方向分解，其中每一级方向分解时所采用的 NSDFB 是由上一级方向分解时所采用的 NSDFB 经过上采样后得到的。如果进行了 L 级方向分解，则可以得到 2^L 个与原始图像大小一

致的方向子带图像。经过 NSDFB，二维频域平面被划分为多个具有方向性的楔形块结构。图 4-8 给出了两级方向分解过程中 NSDFB 的构建过程以及相应的频域分割图，其中 NSDFB 采用的上采样矩阵为 $Q=[1, 1; 1, -1]$。

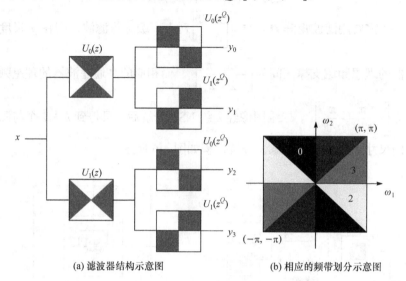

(a) 滤波器结构示意图　　　　　　(b) 相应的频带划分示意图

图 4-8　两级方向分解示意图

4.2.4　NSCT 图像融合的步骤

通过前面研究和分析，我们得知 NSCT 中，NSP 完成对图像的多尺度分解，NSDFB 完成对图像的多方向分解，而且两组滤波器都可以完美地重构，这一原理可用于多尺度图像融合中。采用 NSCT 变换的图像融合框架如图 4-9 所示。

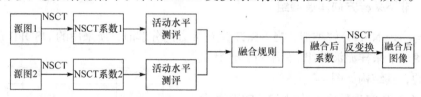

图 4-9　采用 NSCT 变换的图像融合框架

采用 NSCT 变换的图像融合步骤如下：

步骤 1：采用非采样轮廓波变换对已经精确配准的源图像 A, B 进行分解，分别得到各自分解后的低通系数和带通系数。

步骤 2：根据融合需要，设计出相应的系数融合规则分别对源图像 A, B 分解后的低通系数和带通系数进行融合处理，得到 NSCT 融合系数。

步骤 3：对融合系数进行 NSCT 反变换重构图像，得到最终的融合图像 F。

4.3　算　法　设　计

4.3.1　算法方案

本节中我们采用的符号集如下：A, B 分别代表待融合的源图，R 代表最终融合结果图。图像 C= (A, B, R)，即 C 代表 A, B, R 中的任意图像。LFS^C 表示图像 C 的低频子带(low frequency subband)系数，$\text{HFS}^C_{g,h}$ 表示图像 C 在高频子带(high frequency subband)中尺度 g 方向 h 上的系数。(i, j) 表示像素点空间位置，$\text{LFS}^C(i, j)$ 和 $\text{HFS}^C_{g,h}(i, j)$ 分别表示了像素点 (i, j) 在低频子带和高频子带中响应的系数。

对于低频子带系数我们使用常用的最大值选择法(maximum selection rule，MSR)[144]，即从源图 A 和 B 的低频子带系数 LFS^A 和 LFS^B 中选择最大值作为融合结果图 R 的低频子带系数 LFS^R，定义如下：

$$\text{LFS}^R(i, j) = \begin{cases} \text{LFS}^A(i, j), & \text{LFS}^A(i, j) \geqslant \text{LFS}^B(i, j) \\ \text{LFS}^B(i, j), & \text{LFS}^A(i, j) < \text{LFS}^B(i, j) \end{cases} \tag{4-3}$$

对低频子带系数所采用的上述最大值选择法实际上是基于单个像素的融合规则的。这种方法在低频子带有较好的效果，但是在高频子带中进行融合处理时由于其对边缘轮廓等的高度敏感性，融合效果不理想。高频子带系数的选择，需要考虑相邻像素之间的相关性，以及相同性质像素的相关性。这样才能避免融合规则对边缘的敏感性。作为神经网络的 SCM 恰恰可以很好地描述神经网络中相邻神经元和相似神经元的关联性。因此，本章中，对于高频子带系数的选择，我们通过 SCM 神经网络进行计算。在运用 SCM 进行高频子带系数选择时，原各子带的系数值并非直接输入 SCM 神经网络，而是先计算其空间频率 SF，再将得到的 SF 值输入 SCM 神经网络。

先解释一下空间频率。空间频率这一概念是由 19 世纪数学家傅里叶(Jean Baptiste Joseph Fourier)[145]提出的，用以描述视觉系统工作特性。最初用在物理光学中，指每毫米所具有的光栅数。20 世纪 60 年代引入视觉的研究中。空间频率又称波数(wave number)。其定义是图像函数在单位长度上重复变化的次数。或者说，图像的细节特征在单位长度上的重复次数。一幅图像是一种光的强度和颜色按空间的分布。图像的空间频率描述了图像值在空间中的变化特征。一幅图像可以看作是空间的一个二维函数，图像值在空间上的不同取值上的变化形成复杂的波形。按照信号处理理论，可以将其分解为具有不同振幅、空间频率和相位的简振函数的线性叠加。图像中不同的图像成分具有不同的空间频率：短距离的突变

(如边缘和线条)、剧烈起伏变化(如噪声)、物体轮廓与边界、图像细节、清晰区域、粗糙物体或非均匀的物体,其空间频率较高;长距离大范围缓慢变化、图像背景、模糊区域、平坦物体或均匀的物体,其空间频率较低。

空间频率的广泛运用,为视觉特性、图形知觉、图像理解以及视觉系统信号的传输、信息的加工等研究提供了一个新的途径。

人眼对图像的边、轮廓等特征非常敏感,空间频率是对图像轮廓、边界、形状亮度变化的描述。根据这一原理,在我们用 SCM 选择高频子带系数时,并不直接把 NSCT 高频子带系数值作为 SCM 的外部刺激输入,而是计算其 SF 值,将 SF 值作为外部刺激输入进行神经网络计算[146]。

多尺度分解框架下定义 SF 如下:

$$S_{i,j}^{g,h} = \sum_{i \in M, j \in N} (I_{i,j}^{g,h} - I_{i-1,j}^{g,h})^2 + (I_{i,j}^{g,h} - I_{i,j-1}^{g,h})^2 \tag{4-4}$$

式(4-4)中 $I_{i,j}^{g,h}$ 表示像素点(i, j)在高频子带尺度 g 方向 h 上的系数, $S_{i,j}^{g,h}$ 表示像素点(i, j)在高频子带尺度 g 方向 h 上的空间频率值。

将高频子带系数的 SF 值输入到 SCM 神经网络并产生神经元的脉冲输出:

$$U_{i,j}^{g,h}(n) = fU_{i,j}^{g,h}(n-1) + S_{i,j}^{g,h} \sum_{k,l} W_{i,j,k,l}^{g,h} Y_{k,l}^{g,h}(n-1) + S_{i,j}^{g,h} \tag{4-5}$$

$$E_{i,j}^{g,h}(n) = gE_{i,j}^{g,h}(n-1) + hY_{i,j}^{g,h}(n-1) \tag{4-6}$$

$$Y_{i,j}^{g,h}(n) = \begin{cases} 1, & 1/\left(1 + \exp\left(-\gamma U_{i,j}^{g,h}(n) - E_{i,j}^{g,h}(n)\right)\right) > 0.5 \\ 0, & \text{其他} \end{cases} \tag{4-7}$$

$$T_{i,j}^{g,h}(n) = T_{i,j}^{g,h}(n-1) + Y_{i,j}^{g,h}(n) \tag{4-8}$$

式(4-5)~式(4-8)中,空间频率值 $S_{i,j}^{g,h}$ 作为 SCM 网络外部刺激输入, $U_{i,j}^{g,h}(n)$ 是内容活动项,n 代表第 n 次循环。$Y_{i,j}^{g,h}(n)$ 是脉冲输出, $E_{i,j}^{g,h}(n)$ 是动态阈值,$W_{i,j,k,l}^{g,h}$ 是连接域突触权重矩阵,f 和 g 是衰减常数,h 是阈值放大系数,γ 是 Sigmoid 函数的参数。Sigmoid 函数[147]具有 “S” 型曲线,是一种典型的神经元非线性变换方程,它的特点是神经网络运算中抑制两头,对中间细微变化敏感。通过数据归一化,有利于训练,产生结果,使神经网络对特征识别度更好。SCM 的表达式中利用 Sigmoid 函数提高性能,有助于更好地输出脉冲。

如果 $Y_{i,j}^{g,h}(n)$ 等于 1,意味着第 n 次循环中神经元产生脉冲,即发生一次点火。假设总共循环次数为 n,我们用 $T_{i,j}^{g,h}(n)$ 记录前 n 次循环中像素点(i, j)总共产生脉冲的个数总和。与 $Y_{i,j}^{g,h}(n)$ 相比,许多研究者分析认为在图像领域中, $T_{i,j}^{g,h}(n)$ 携带的图像信息更多[80],因为属性相近或相同的相邻像素点系数具有相同或相近的脉冲发放时间和频率。因此，本节中，我们设置像素点脉冲发放次数矩阵 $T_{i,j}^{g,h}(n)$ 作为选择高频子带系数的挑选准则。

$$\mathrm{HFS}_{g,h}^{\mathrm{R}}(i,j)=\begin{cases}\mathrm{HFS}_{g,h}^{\mathrm{A}}(i,j), & T_{i,j}^{g,h,\mathrm{A}}(n)\geqslant T_{i,j}^{g,h,\mathrm{B}}(n)\\ \mathrm{HFS}_{g,h}^{\mathrm{B}}(i,j), & \text{其他}\end{cases} \tag{4-9}$$

式(4-9)中，$T_{i,j}^{g,h,\mathrm{A}}(n)$，$T_{i,j}^{g,h,\mathrm{B}}(n)$ 分别代表源图 A，B 高频子带尺度 g 方向 h 上的脉冲发放次数。如果 $T_{i,j}^{g,h,\mathrm{A}}(n)$ 大于 $T_{i,j}^{g,h,\mathrm{B}}(n)$，说明像素点$(i,j)$在 A 图中点火次数更多。根据 SCM 原理，像素发生点火，或是因本身活跃(外部刺激值大)而点火，或者受空间上相邻的像素点点火影响(脉冲的自动波扩散效应)，或者受同一时间与本身活跃度相同或相近的像素脉冲发放影响(同步振荡效应)。因此我们利用 $T_{i,j}^{g,h}(n)$ 作为选择 HFS^{R} 的准则，就是考虑 SCM 网络中各个节点的脉冲在时间上的同步振荡效应和空间上的自动波效应。这种方法的出发点正是利用脉冲耦合神经网络 PCNN 及其各种包括 SCM 在内的简化模型进行图像处理的理论基础所在。

4.3.2　算法步骤

步骤1：利用 NSCT 分解待融合的源图 A 和 B，得到 A，B 各自的高频子带系数和低频子带系数。

步骤2：利用公式(4-3)计算融合结果图像 R 的低频子带系数 LFS^{R}。

步骤3：利用公式(4-4)计算高频子带系数的 SF 值。

步骤4：利用公式(4-5)～式(4-7)将源图 A 和 B 高频子带系数的 SF 值分别输入到 SCM 神经网络产生脉冲输出。

步骤5：利用公式(4-8)计算脉冲发放次数矩阵 $T_{i,j}^{g,h}(n)$。

步骤6：利用公式(4-9)计算融合结果图像 R 的高频子带系数 HFS^{R}。

步骤7：对系数 LFS^{R} 和 HFS^{R} 进行 NSCT 反变换并得到时域中的融合效果图像。

算法流程图如下：

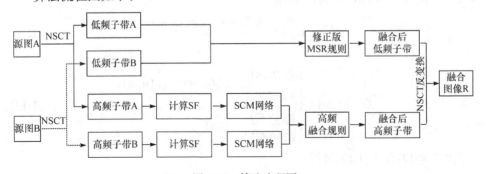

图 4-10　算法流程图

4.4　实验及讨论

对于用于医学诊断的多传感器、多光谱图像融合技术，其融合效果，我们除了视觉评估之外，更是需要用客观评价体系和统计数据来验证。在此，我们沿用互信息量(mutual information，MI)，标准差(standard deviation，SD)，拉普拉斯能量(energy of Laplacian，EOL)作为融合算法的评价函数(这三个函数的定义请参照第 3 章内容)。对于在前面用到的第四个评价函数均方根误差(RMSE)，在这里我们暂不用。因为均方根误差用来计算标准融合参考图像(最佳融合图像)和实际融合结果图像之间的偏差。但是，本章用于融合实验的是医学图像，由于很难找到医学图像的标准融合参考图像，因此无法使用均方根误差函数。在这里，我们引进另外一种评价函数 $Q^{AB/F}$。

$Q^{AB/F}$ 由 Xydeas 和 Petrović[148]提出，它通过融合图像与源图像的关系来评价融合质量。设源图像为 A 和 B，其图像函数分别为 $A(x, y)$，$B(x, y)$，由源图像经过融合得到的融合图像为 F，其图像函数为 $F(x, y)$。所有图像的大小和分辨率一致。图像的大小为 M 行 N 列，图像灰度级为 L。

$Q^{AB/F}$ 主要通过考虑源图像和融合图像中的边缘信息损失来判断融合性能。

利用 Sobel 算子对源图像做边缘检测得到像素点 $P(n, m)$的边缘强度 $g(n, m)$和方向 $\alpha(n, m)$，以源图像 A 为例，分别记边缘强度和方向为

$$g_A(n,m)=\sqrt{S_A^x(n,m)^2 + S_B^y(n,m)^2} \tag{4-10}$$

$$\alpha_A(n,m) = \arctan\left(\frac{S_A^x(n,m)}{S_B^y(n,m)}\right) \tag{4-11}$$

式(4-10)和(4-11)中 $S_A^x(n,m)$ 和 $S_B^y(n,m)$ 是以像素点 $P_A(n,m)$为中心，与 Sobel 算子水平和垂直方向相应的像素卷积的结果，则输入图像 A 与融合图像 F 的相对强度方向 $A^{AF}(n, m)$和 $G^{AF}(n, m)$为

$$A^{AF}(n,m) = 1 - \frac{\left|\alpha_A(n,m) - \alpha_F(n,m)\right|}{\pi/2} \tag{4-12}$$

$$G^{AF}(n,m) = \begin{cases} \dfrac{g_F(n,m)}{g_A(n,m)}, & g_A(n,m) > g_F(n,m) \\ \dfrac{g_A(n,m)}{g_F(n,m)}, & \text{其他} \end{cases} \tag{4-13}$$

由式(4-12)和式(4-13)可得

$$Q_g^{\text{AF}}(n,m) = \frac{\Gamma_g}{1 + e^{K_g(G^{\text{AF}}(n,m) - \sigma_g)}} \tag{4-14}$$

$$Q_\alpha^{\text{AF}}(n,m) = \frac{\Gamma_\alpha}{1 + e^{K_\alpha(A^{\text{AF}}(n,m) - \sigma_\alpha)}} \tag{4-15}$$

式(4-14)和式(4-15)中，$Q_g^{\text{AF}}(n,m)$ 与 $Q_\alpha^{\text{AF}}(n,m)$ 表示融合图像中的视觉损失，即源图像 A 中像素点 $P_A(n,m)$ 的边缘强度和方向在融合图像 F 中如何得到有效的保留。常量 Γ_g, K_g, σ_g 和 $\Gamma_\alpha, K_\alpha, \sigma_\alpha$ 决定 S 型函数的具体形状，记边缘信息的保留值为

$$Q^{\text{AF}}(n,m) = Q_g^{\text{AF}}(n,m) \cdot Q_\alpha^{\text{AF}}(n,m) \tag{4-16}$$

式(4-16)中，$0 \leqslant Q^{\text{AF}}(n,m) \leqslant 1$。0 表示位置 (n, m) 点的边缘信息全部丢失；1 表示融合过程中不存在边缘信息损失。对于图像大小为 $M \times N$ 的归一化的 $Q^{\text{AB/F}}$ 可以由 $Q^{\text{AF}}(n,m)$ 和 $Q^{\text{BF}}(n,m)$ 得到，其大小能够反映融合过程中源图像边缘信息的损失。$Q^{\text{AB/F}}$ 定义如下：

$$Q^{\text{AB/F}} = \frac{\sum_{n=1}^{N}\sum_{m=1}^{M}(Q^{\text{AF}}(n,m)\omega^{\text{A}}(n,m) + Q^{\text{BF}}(n,m)\omega^{\text{B}}(n,m))}{\sum_{n=1}^{N}\sum_{m=1}^{M}(\omega^{\text{A}}(n,m) + \omega^{\text{B}}(n,m))} \tag{4-17}$$

我们选择四组不同的人脑医学图像作为实验源图(图 4-11(a)和(b)，图 4-12(a)和(b)，图 4-13(a)和(b)，图 4-14(a)和(b))。四幅源图均来自哈佛医学院 Atlas 项目[149]。图 4-11(a)和图 4-12(a)是 CT 源图，图 4-11(b)和图 4-12(b)是 MRI 源图，图 4-13(a)是 PET 拍摄的冠状面 FDG 源图(注：FDG 指的是氟代脱氧葡萄糖，FDG 最常用于正电子发射断层扫描类医学成像设备 PET，FDG 分子之中的氟选用的是属于正电子发射型放射性同位素的氟-18。在向病人体内注射 FDG 之后，PET 扫描仪可以构建出反映 FDG 体内分布情况的图像)，图 4-13(b)是 MR-T1 源图，图 4-14(a)是 MR-T1 源图，图 4-14(b)是 MR-T2 源图(注：MR 图像中，T1 加权成像(T1WI)指的是突出组织 T1 弛豫(纵向弛豫)差别；T2 加权成像(T2WI)指的是突出组织 T2 弛豫(横向弛豫)差别)。CT 显示骨质的结构与密度，MR 显示软组织区域。所有的图像灰度级为 256。

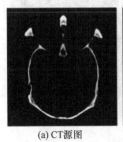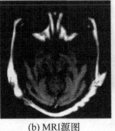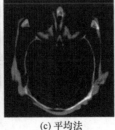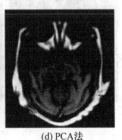

(a) CT源图　　　　　　(b) MRI源图　　　　　　(c) 平均法　　　　　　(d) PCA法

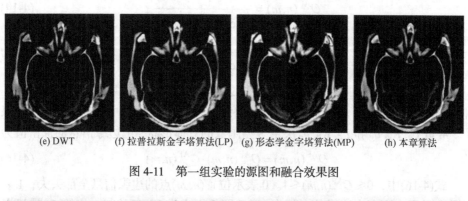

　　(e) DWT　　　　(f) 拉普拉斯金字塔算法(LP)　(g) 形态学金字塔算法(MP)　　　(h) 本章算法

图 4-11　第一组实验的源图和融合效果图

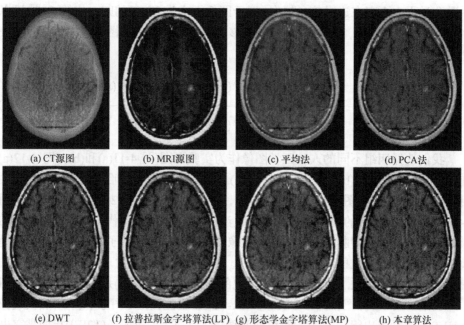

　　(a) CT源图　　　　(b) MRI源图　　　　　(c) 平均法　　　　　　(d) PCA法

　　(e) DWT　　　　(f) 拉普拉斯金字塔算法(LP)　(g) 形态学金字塔算法(MP)　　　(h) 本章算法

图 4-12　第二组实验的源图和融合效果图

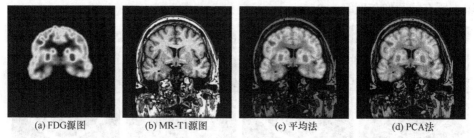

　　(a) FDG源图　　　　(b) MR-T1源图　　　　　(c) 平均法　　　　　　(d) PCA法

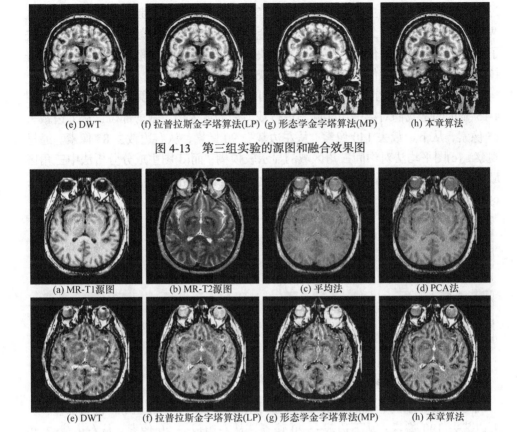

(e) DWT　　　(f) 拉普拉斯金字塔算法(LP)　(g) 形态学金字塔算法(MP)　　　(h) 本章算法

图 4-13　第三组实验的源图和融合效果图

(a) MR-T1源图　　　(b) MR-T2源图　　　(c) 平均法　　　(d) PCA法

(e) DWT　　　(f) 拉普拉斯金字塔算法(LP)　(g) 形态学金字塔算法(MP)　　　(h) 本章算法

图 4-14　第四组实验的源图和融合效果图

　　我们选择以下五种融合算法与本章提出的算法进行比较[129]：平均法 (averaging method)，主成分分析法(PCA method)，采用 DBSS (2, 2)的离散小波变换(discrete wavelet transform，DWT)，拉普拉斯金字塔算法(Laplacian pyramid，LP)，形态学金字塔算法(morphological pyramid，MP)。有关参数为金字塔分解水平为 4。像素选取原则：高频系数按最大值原则，低频系数按平均值原则[129]。图 4-11(c)～(h)，图 4-12(c)～(h)，图 4-13(c)～(h)以及图 4-14(c)～(h)显示了用以上六种不同的算法对四组源图进行融合后的结果图。

4.5　融合性能评估与结果分析

　　通过观察图 4-11～图 4-14 的融合图，很明显可以看到，平均法和主成分分析法都丧失了许多图片细节，其融合效果远不如后四种方法，其主要原因是平均法过于原始和粗糙，而主成分分析法通过降维压缩容易丢失高频细节信息，同时这两种方法不是多尺度分解分析。形态学金字塔算法虽然融合效果良好，但却引进了源图中不存在的假信息，并且局部有块效应。而剩余的离散小波变换法、拉普拉斯金字塔算法和我们所提出的算法都获得不错的融合效果。

我们通过对实验图进行局部放大，可以观察到不同融合算法的效果差异。图4-15显示的是我们对第一组实验图进行裁剪后的放大图。裁剪部位：从上边裁去75像素，从下边裁去140像素，从左边裁去90像素，从右边裁去85像素。通过观察，(c)图平均法对中间三角区域的显示较模糊；而(d)图主成分分析法中三角区域消失，关键细节完全损失；(g)图形态学金字塔算法中三角区域顶部出现矩形框，这是引进的虚假信息；(e)图、(f)图、(h)图的细节保持良好。

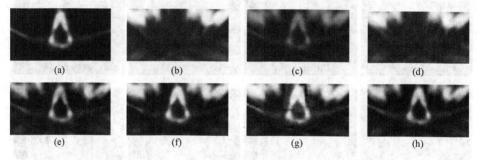

图 4-15　第一组实验结果的局部放大图

图4-16显示的是我们从第一组实验中裁剪放大的另一个区域。裁剪部位：从上边裁去190像素，从下边裁去20像素，从左边裁去20像素，从右边裁去20像素。可以看出，(c)图平均法画面细节模糊，特别是轮廓更加模糊；(d)图主成分分析法中左右两边的轮廓太亮，并产生光晕，也因此丢失了细节；(g)图形态学金字塔算法中的两边的白色边缘，出现连续斑点和图像块，这也是虚假信息。(e)图、(f)图、(h)图效果良好。

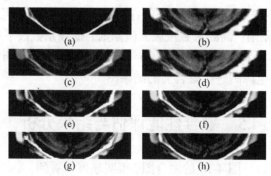

图 4-16　第一组实验结果的另一局部放大图

图 4-17 显示的是我们从第三组实验中裁剪放大的一个区域。裁剪部位：从上下两边各裁去 95 像素，从左右两边各裁去 70 像素。可以看出，(c)图平均法和(d)图主成分分析法画面模糊，颜色灰暗；(g)图形态学金字塔算法融合后的边缘颜色过亮，并扩散，掩盖了源图的边和轮廓信息；(e)图、(f)图、(h)图效果良好。

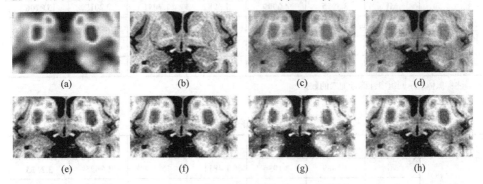

图 4-17　第三组实验结果的局部放大图

图 4-18 显示的是我们从第四组实验中裁剪放大的一个区域。裁剪部位：图中上方两个球状区域。依然可以看出，(c)图平均法和(d)图主成分分析法大面积丢失细节信息，源图所携带的纹理和线条根本无法识别；(g)图形态学金字塔算法依然不能保留图像细节，对像素亮度的控制不符合源图；(e)图、(f)图、(h)图效果良好。

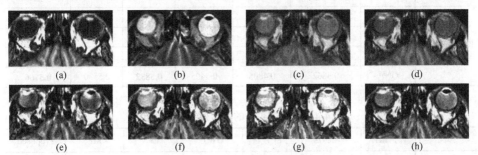

图 4-18　第四组实验结果的局部放大图

除了上述对整体融合图像和局部放大细节的主观观察评估外，表 4-1～表 4-4 中我们利用融合效果评估函数给出不同融合算法的性能指标。其中，表 4-1 是第一组源图的实验数据，表 4-2 是第二组源图的实验数据，表 4-3 是第三组源图的实验数据，表 4-4 是第四组源图的实验数据。从实验数据可以看出在四组源图实验中，本章算法的 $Q^{AB/F}$ 函数值在第一组、第二组和第四组源图的融合实验中都取得最大值；第二组和第三组融合实验数据中，本章算法的 MI 函数值也取得最大值；虽然，本章算法的 SD 函数值和 EOL 函数值在四组试验中并不是最优，但其值在各组数据中处于中上水平。

表 4-1　第一组实验的融合效果评估比较(Proposed 为本文算法)

源图	评价指标	平均算法	PCA	DWT	LP	MP	Proposed
图像(第一组)	MI	3.5955	**4.2999**	1.3981	1.7041	2.2017	**3.8106**
	SD	7.8904	**8.4250**	7.9004	7.8479	7.9643	**8.0021**
	EOL	0.2306	0.3273	0.9520	**1.0039**	3.0433	**1.0028**
	Q$^{AB/F}$	0.4264	0.6549	0.6339	**0.7442**	0.7087	**0.7463**

注：黑体表示同组中性能排前二的数据

表 4-2　第二组实验的融合效果评估比较

源图	评价指标	平均算法	PCA	DWT	LP	MP	Proposed
图像(第二组)	MI	3.1889	**3.1936**	1.4811	1.6714	1.9625	**3.2123**
	SD	9.3425	**9.6711**	9.4424	9.4346	9.6130	**9.6308**
	EOL	0.3805	0.5236	1.2423	1.2797	**1.4310**	**1.2955**
	Q$^{AB/F}$	0.4398	0.6486	0.6774	0.7020	**0.7051**	**0.7097**

表 4-3　第三组实验的融合效果评估比较

源图	评价指标	平均算法	PCA	DWT	LP	MP	Proposed
图像(第三组)	MI	2.4207	**2.6009**	1.9205	2.1461	2.3388	**2.6808**
	SD	**11.2629**	10.5719	10.4373	9.9959	9.4862	**10.6887**
	EOL	1.2571	1.5205	4.3872	**4.4333**	5.5133	4.0921
	Q$^{AB/F}$	0.3862	0.4805	0.5405	**0.5832**	0.5530	**0.5766**

表 4-4　第四组实验的融合效果评估比较

源图	评价指标	平均算法	PCA	DWT	LP	MP	Proposed
图像(第四组)	MI	2.6184	**2.8710**	2.2257	2.3604	2.3740	**2.6334**
	SD	**10.6775**	**10.6557**	10.4352	10.5081	10.2899	10.5290
	EOL	0.2330	0.2996	0.8110	0.9174	**1.2899**	**0.9977**
	Q$^{AB/F}$	0.3591	0.4359	0.4426	**0.4965**	0.4277	**0.5190**

4.6　本章小结

　　本章讨论了基于 SCM 与非下采样轮廓波变换 NSCT 的多传感器医学图像融合技术。考虑到 NSCT 代表了图像多尺度分析方法发展至今的最新进展，同时利用 SCM 作为 PCNN 简化模型的优势,将 NSCT 与 SCM 相结合进行多传感器图像融合的讨论。

首先,分析了医学图像融合技术的重要性和困难所在,梳理了从最早的小波变换到近期的轮廓波变换为止各种多尺度分析算法的演变和进展,指出相互之间的补允继承关系。

其次,简要分析了 NSCT、非下采样金字塔滤波器设计,以及非下采样方向滤波器组设计的核心思想,并给出了现有的基于 PCNN 和 NSCT 的图像融合技术的进展。通过分析,我们指出,现有文献中,许多传统融合算法对毫无关联的单独的像素点直接进行运算对融合效果会造成一定影响,而 SCM 由于其同步脉冲发放特性很好地表达了区域内强相关像素的关系。之后,利用 NSCT 在图像处理中具有刻画线奇异的优势,以及 SCM 的人眼视觉特性设计融合规则,将融合算法应用于医学图像融合这一具有实际应用意义的领域。给出基于 SCM 与 NSCT 的医学图像融合技术的算法方案与算法步骤,提出以空间频率作为 SCM 的外部刺激,利用运算后的输出脉冲来选择经 NSCT 分解后的高频子带系数。

最后,利用医学成像的源图对算法进行实验验证,通过与其他算法的比较以及主观(定性)、客观(定量)分析给出算法的有效性。

主观观察和客观评测数据说明,本章的融合算法可以使最终的融合图保持较高的空间解析度和清晰度,并没有造成图像失真、细节损失现象,各项比较数据证明了该算法是一种有效的多传感器医学图像融合算法。

第 5 章 基于脉冲发放皮层模型与离散小波变换的多源图像融合

本章中，考虑到小波变换是最为经典、成熟的多尺度分解算法，同时由于目前尚未有基于小波变换和 SCM 的融合研究。因此，我们将小波变换和 SCM 相结合，对其在图像融合中的可行性以及融合性能做一些探讨与研究。

5.1 引　言

在图像融合领域中，多尺度分解算法(multiscale decomposition，MSD)一直以来备受重视。多尺度分解算法中，最为经典的是基于金字塔变换和基于小波变换的算法，两种算法自产生之日起，得到了很大的发展和实际运用。近些年学界提出许多新的多尺度分解方法，例如，曲波变换、脊波变换、轮廓波变换、Ripplet变换等。这些新的多尺度分解方法，其出发点是克服和改进塔形变换和小波变换的不足，给研究者提供了许多全新的思路，同时也不同程度地在实际中得到了运用。但是，就实际运用程度而言，塔形变换和小波变换已经达到工业级应用水平，而后来的多尺度变换更多地是处于理论探讨、实验仿真以及小规模应用的层面。

实际上，如何将作为"数学显微镜"的小波与作为第三代神经网络的 PCNN 结合在一起进行图像处理早已引起学界的关注。早在 1998 年，Padgett 与 Johnson 等[150]首次将小波和 PCNN 相结合将有效信号从噪声背景中有效地提取出来；Abraham 和 Yang[151]于 2001 年提出一种脉冲耦合神经网络小波理论(pulse coupled neuron networks wavelet theory, PCNNW)，将 PCNN 的生物特性和小波的多解析度分解特性相结合，提取图像的特征；文献[89]将小波包分析和 PCNN 结合用于图像的融合；文献[152]设计了一种基于提升静态小波变换 LSWT 和改进型 PCNN 的多聚焦图像融合算法；文献[153]讨论了基于小波变换和 PCNN 的降雨预报模式；文献[107]展示了基于双通道 PCNN(dual-channel PCNN)和提升静态小波变换的多源图像融合算法。

基于多尺度分解的融合算法，其最为关键的步骤是对变换系数的选择，即融合规则的设计。融合算法是否有效很大程度上取决于融合规则设计。例如，在小波变换中选择系数时，常见的最大值选择原则不一定是最有效的原则。因为图像中的噪声和瑕疵有着显著的特征，即变换后其系数值较大，如果单一地选择最大值原则，那么图像中将引进噪声和瑕疵信息，甚至虚假信息，导致画面失真。研究者在这一问题上展开了许多讨论[154]。同样，在基于小波变换和 PCNN 的融合算法中往往将单个像素在空间域的值或变换域的系数作为外部刺激输入到神经网络。根据前面分析，我们知道，这种用单一像素值进行运算并不是最佳方案。因此一系列系数选择算法被提出来。在文献[80], [140], [142]中讨论基于小波和 PCNN 的融合算法时，研究者将作为表征图像梯度能量的空间频率输入 PCNN，并验证了算法有效性。

　　本章中，我们提出一种基于小波变换和 SCM 的多源图像融合算法。重点讨论利用 SCM 的人眼视觉特性选择通过小波变换得到的图像高频子带系数，并进行仿真实验验证。

5.2　小波理论及离散小波变换

5.2.1　小波多分辨率分析的核心思想

　　小波变换源于伸缩平移思想。这一概念最早是在 20 世纪初出现的。1910 年，Harr 提出了规范正交基理论以及最早的小波规范正交基，但当时并未使用"小波"这一概念。1938 年 Littlewood-Paley 对傅里叶级数建立 L-P 算法，即以二进制方式进行频率成分分组。1965 年，Galderon 发现了再生公式，其离散形式已经非常接近小波展开，但是并没有得出组成一个正交系的理论。1981 年，Stormberg 改进了 Harr 系，并证明了小波函数存在性。1982 年，Battle 将与 Galderon 再生公式相类似的展开式用在了量子场论中。

　　小波的真正概念是 1974 年由法国地球物理学家 J. Morlet 首先提出的，他在分析地震数据时，提出将地震波按一个函数的伸缩平移系(式(5-1))展开：

$$\left\{ |a|^{-\frac{1}{2}} \varphi\left(\frac{x-b}{a}\right) \;\middle|\; a,b \in R, a \neq 0 \right\} \tag{5-1}$$

但当时未能得到数学家的认可。随后，J. Morlet 和理论物理学家 A. Grossmann 共同提出连续小波变换理论，通过这一理论将信号分解成不同的空间分量和尺度分量。1985 年，著名数学家 Y. Meyer、理论物理学家 A. Grossmann 和比利时女数学家 I. Daubechies 通过对连续小波变换的离散化，提出了小波框架的概念，但是离散化后的小波框架并没有得到一组正交基。1986 年 Y. Meyer 在寻找同时能在时域和频域都具有一定正则性的正交小波基时，却意外地发现了具有一定衰减性的光滑函数 φ 使得

$$\left\{ 2^{-\frac{j}{2}}\varphi(2^{-j}x-k) \quad \middle| j,k \in Z \right\} \tag{5-2}$$

其二进制伸缩和平移构成规范正交基，这一偶然发现构造出一个真正的小波基，从而证明了小波正交系的存在性。随后 Y. Meyer 与 S. Mallat 合作建立了构造小波基的统一方法。不久，Lemarie 和 Battle 分别独立构造出具有指数衰减性质的小波函数。1987 年 S. Mallat 将计算机视觉中的多分辨率分析(multi-resolution analysis)概念引入小波，统一了在此之前所有具体的正交小波基的构造，并提出信号的塔式多分辨率分析与重构的快速算法，即马拉特(Mallat)算法。马拉特算法的地位相当于傅里叶变换中的 FFT 算法。小波的广泛推广与马拉特快速算法有很大的关系。1988 年，I. Daubechies 提出了具有有限支集(紧支基)正交小波基的构造方法，并在 NSF/CBMS 主办的小波专题研讨会上通过前后 10 次演讲系统阐述了小波理论。此后小波分析的理论研讨和实际应用开始真正发展起来。在小波的普及历程中，I. Daubechies 撰写的《小波十讲》起了重要的推动作用。由于小波在信号分析以及数据压缩方面的优越性，因此在静态图像压缩国际标准(JPEG 2000)中，原来的离散余弦变换已经被小波变换所取代，小波变换成为 JPEG 2000 标准中的变换编码方法。

小波，所谓"小"指的是它的信号具有衰减性，所谓"波"指的是它具有振荡波动性，即它的波形振幅是正负相间的振荡形式。小波分析是泛函数、傅里叶分析、数值分析的完美结晶；在应用领域，特别是在信号处理、图像处理、语音处理以及众多非线性科学领域，它被认为是继傅里叶分析之后的又一有效的时频分析方法。从某种意义上说，小波变换是对傅里叶变换的一种改进。两者根本的区别是变换核不同。此外，小波变换的计算复杂度也更小，只需要 $O(N)$ 时间，快速傅里叶变换的计算复杂度为 $O(N \log N)$，其中 N 代表数据大小。小波变换解决了傅里叶变换不能解决的许多困难问题。它被称为数学显微镜。小波变换的出现，给科学理论研究带来了深远的影响。可以说，小波变换在傅里叶变换之后，开辟了一个信号处理的新时代。

小波定义如下：

如果函数 $\varphi(t) \in L^2(R)$ 且满足以下条件：

(1) $\int_{-\infty}^{+\infty} \varphi(t)\mathrm{d}t = 0$，即波形振荡非 0，但均值为 0；

(2) 具有有限长度、快速衰减的波形，即除了一个很小区域外，其余函数值为 0；

(3) $\int_{-\infty}^{+\infty} t^k \varphi(t)\mathrm{d}t = 0, k = 0,1,2,\cdots,n-1$ 即高阶矩为 0；

(4) 其容许性(admissible)条件 $C_\varphi = \int_{-\infty}^{+\infty} \frac{|\hat{\varphi}(\omega)|}{\omega}\mathrm{d}\omega < \infty$，其中 $\hat{\varphi}(\omega)$ 是 $\varphi(t)$ 的傅

里叶变换。

满足以上条件的 $\varphi(t)$ 称为小波或小波函数。

基小波，即小波族，是通过将单小波函数 $\varphi(t)$ 进行平移与伸缩而形成的函数族，定义如下：

$$\varphi_{a,b}(t) = \left\{ |a|^{-\frac{1}{2}} \varphi\left(\frac{t-b}{a}\right) \,\middle|\, a,b \in R, a \neq 0 \right\} \tag{5-3}$$

式(5-3)中 a 被称为尺度参数(伸缩参数)，称 b 为位移参数(平移参数)。

小波函数与基小波的关系用下式描述：

$$\left\| \varphi_{a,b}(t) \right\|^2 = |a|^{-1} \int_{-\infty}^{\infty} \left| \varphi\left(\frac{t-b}{a}\right) \right|^2 \mathrm{d}t = \int_{-\infty}^{\infty} \left| \varphi(t) \right|^2 \mathrm{d}t = \|\varphi\|^2 \tag{5-4}$$

即小波函数 $\varphi(t)$ 经过平移和伸缩后的函数的范数与原小波函数范数相等。由于小波族(基小波)是通过小波函数 $\varphi(t)$ 衍生形成的，因此 $\varphi(t)$ 也被称为母小波。

小波变换中参数 a 的大小决定小波函数的支撑长度，尺度越大则频率越低，尺度越小则频率越高。参数 b 的大小决定小波窗口的时间定位。小波变换的时频分辨率之间的关系如图 5-1 所示。图中方块表示时频分辨率。根据 Heisenberg 测不准原理，每个方块的面积是一样的。从图中看出，低频部分的频率分辨率高，时间分辨率低；高频部分的频率分辨率低，而时间分辨率高。小波的这种变焦特性，使得小波变换对信号有很好的适应性。

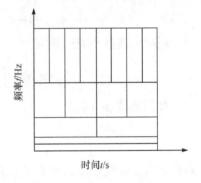

图 5-1　小波变换的时频分辨率关系

小波变换分为连续小波变换和离散小波变换。两者的根本区别是：连续变换执行所有可能的缩放操作和平移操作，这在计算机实现中是不可能的。而离散变换所采用的是所有缩放和平移值的特定子集。

设 $\varphi(t)$ 为连续小波函数，信号 $f(t) \in L^2(R)$，如果满足下列条件：

$$W_f(a,b) = \langle f, \varphi_{a,b} \rangle = |a|^{-\frac{1}{2}} \int_{-\infty}^{\infty} f(t)\overline{\varphi}\left(\frac{t-b}{a}\right) \mathrm{d}t, \quad a \neq 0 \tag{5-5}$$

则称为是 $\varphi(t)$ 对信号 $f(t)$ 的连续小波变换，其中 $\overline{\varphi}(t)$ 为 $\varphi(t)$ 的共轭函数，$W_f(a,b)$ 为小波变换系数。函数 $f(t)$ 经过小波变换，使得该时间函数投影到二维的时间-尺度相平面上。

连续小波反变换为

$$f(t) = \frac{1}{C^{\varphi}} \int_{-\infty}^{\infty} \int_{-\infty}^{\infty} W_f(a,b)\varphi_{a,b}(t) \frac{1}{a^2} \mathrm{d}a\mathrm{d}b, \quad a \neq 0 \tag{5-6}$$

注意，小波变换和反变换中，所采用的小波必须满足小波定义中的容许性条件。

从上式可见，与傅里叶变换相比，小波采用了实函数变换核，所以结果中没有虚部。

连续小波变换可以看作是由一系列的小波函数的线性组合而得到对原始函数的逼近。因此，求某个函数的小波变换，就是求该线性组合表达式中各小波系数项的系数。而系数值是通过求相关的方法从原始函数中提取的。

5.2.2　二维离散小波变换对图像的分解与重建

由于连续小波的尺度因子和平移因子都是连续变化的，很难在计算机上实现，造成连续小波变换在实际应用中的致命缺陷。

所谓的离散小波，指的是对尺度因子和平移因子的离散化。

令 $a_0 > 1$ 且 $b_0 > 0$，定义离散小波为

$$\varphi_{m,n}(t) = a_0^{-\frac{m}{2}} \varphi(a_0^{-m}t - nb_0), \qquad m, n \in \mathbb{Z} \tag{5-7}$$

对应的离散小波变换为

$$C_f(m,n) = \int_{-\infty}^{\infty} f(t)\overline{\varphi}_{m,n}(t)\mathrm{d}t, \qquad m, n \in \mathbb{Z} \tag{5-8}$$

如果函数 $\varphi(t)$ 满足

$$\sum_{k \in Z} \left| \hat{\varphi}(\omega) \right|^2 = 1 \tag{5-9}$$

则称 $\varphi(t)$ 为正交小波，对满足正交条件的 $\varphi(t)$ 在式(5-7)中取 $a_0=2$，$b_0=1$ 变成

$$\varphi_{m,n}(t) = 2^{-\frac{m}{2}} \varphi(2^{-m}t - n), \qquad m, n \in \mathbb{Z} \tag{5-10}$$

此时 $\varphi(t)$ 被称为正交二进小波。二进小波只是对尺度进行离散化，而在空域上仍然保持平移量连续变换，因此二进小波仍具有连续小波变换的平移不变性。

离散小波变换可以通过马拉特快速算法实现。马拉特算法就是采用小波滤波器对离散信号进行反复的低通滤波和高通滤波，每次得到一个低频分量和一个高频分量，继续对低频分量再次进行低通和高通滤波，以此类推。

一维离散小波变换可由滤波器组描述，如图 5-2 所示。输入 $x(n)$ 通过低通滤波器 $h_0(n)$ 和高通滤波器 $h_1(n)$，再经 2∶1 抽取，得到低通分量 $L_1(k)$ 和高通分量 $H_1(k)$。重建时，$L_1(k)$，$H_1(k)$ 经过 1∶2 内插，再通过低通滤波器 $g_0(n)$ 和高通滤波器 $g_1(n)$ 运算得到 $y(k)$。

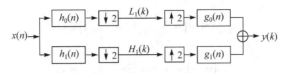

图 5-2　一维离散小波变换

二维离散小波变换采用行列分解算法。将数据矩阵中的行和列分别看成两个一维信号。先对行方向进行滤波和下采样，再对列方向进行滤波和下采样。在图像处理领域，利用二维离散小波变换，可以对图像进行多尺度分解。图 5-3(a)显示，对图像在水平和垂直方向上通过一级分解形成四个子带。其中高频子带 LH1，HL1 和 HH1 代表精细尺度的小波系数，低频子带 LL1 系数代表粗糙尺度的小波系数。对 LL1 进行二级分解，便得到子图 LL1 的四个子带 LL2，LH2，HL2 和HH2，如图 5-3(b)所示。其中，LH2，HL2 和 HH2 代表二级尺度上的高频子带，LL2 代表二级尺度上的低频子带。如果需要，继续对 LL2 进行第三尺度上的分解。以此类推，直至分解到最后所需尺度。

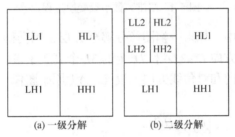

(a) 一级分解　　　　　　　　(b) 二级分解

图 5-3　对图像的二维离散小波变换

图像的二维离散小波变换过程可用图 5-4 表示，重构就是图 5-4 的逆过程。图中，图像信号 $X[m, n]$ 在水平方向上进行一次一维小波变换，得到 $V_{1,\mathrm{L}}[m, n]$ 和 $V_{1,\mathrm{H}}[m, n]$，如式(5-11)和(5-12)所示：

$$v_{1,\mathrm{L}}[m,n] = \sum_{k=0}^{K-1} x[m, 2n-k]g[k] \tag{5-11}$$

$$v_{1,\mathrm{H}}[m,n] = \sum_{k=0}^{K-1} x[m, 2n-k]h[k] \tag{5-12}$$

再在垂直方向上分别对 $V_{1,\mathrm{L}}[m, n]$ 和 $V_{1,\mathrm{H}}[m, n]$ 进行一次一维小波变换，最终得到一个低频分量 $X_{1,\mathrm{L}}[m, n]$ 和三个高频分量 $x_{1,\mathrm{H1}}[m, n]$、$x_{1,\mathrm{H2}}[m, n]$、$x_{1,\mathrm{H3}}[m, n]$，如式(5-13)～式(5-16)所示：

$$x_{1,\mathrm{L}}[m,n] = \sum_{k=0}^{K-1} v_{1,\mathrm{L}}[2m-k,n]g[k] \tag{5-13}$$

$$x_{1,\mathrm{H1}}[m,n]=\sum_{k=0}^{K-1}v_{1,\mathrm{L}}[2m-k,n]h[k] \tag{5-14}$$

$$x_{1,\mathrm{L2}}[m,n]=\sum_{k=0}^{K-1}v_{1,\mathrm{H}}[2m-k,n]g[k] \tag{5-15}$$

$$x_{1,\mathrm{H3}}[m,n]=\sum_{k=0}^{K-1}v_{1,\mathrm{H}}[2m-k,n]h[k] \tag{5-16}$$

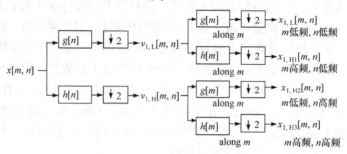

图 5-4　二维离散小波变换过程

在离散小波变换中，如果一幅图像分解至 L 层，则会得到 $3L+1$ 个子带，即 1 个低频子带 C_j 和在方向 D^h，D^v 和 D^d 上的 $3L$ 个高频子带。参数 h, v, d 分别代表水平方向、垂直方向和对角线方向。设 $f(x, y)$ 为原始图像，以 C_0 表示，则二维离散小波可以表示为

$$\begin{cases} C_{j+1}=HC_jH' \\ D^h_{j+1}=GC_jH' \\ D^v_{j+1}=HC_jG' \\ D^d_{j+1}=GC_jG' \end{cases}, \quad j=0,1,\cdots,J-1 \tag{5-17}$$

式(5-17)中，H 是低通滤波器，G 是高通滤波器。H' 和 G' 分别是 H 和 G 的共轭转置矩阵。J 代表分解尺度或级别。图像的分解过程如图 5-5 所示。

图像的重建方程为式(5-18)：

$$C_{j-1}=H'C_jH+G'D^h_jH+H'D^v_jG+G'D^d_jG, \quad j=0,1,\cdots,J-1 \tag{5-18}$$

图像的重建过程如图 5-6 所示：

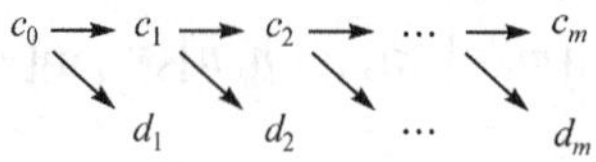

图 5-5　图像的 DWT 分解过程 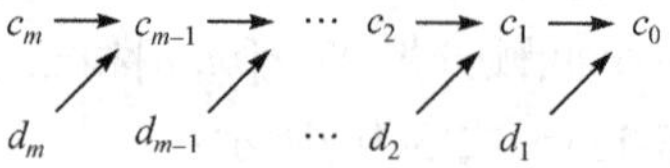　　　　图 5-6　图像的 DWT 重建过程

5.3　基于 SCM 与 DWT 的多源图像融合算法

5.3.1　融合方案描述

首先，利用 DWT 将源图 A, B 进行分解。我们选择 DBSS(2,2)(注：Daubechies Wavelet 是以 I.Daubechies 名字命名的一种小波函数，其使用极广，影响深远，是图像处理领域最常使用到的小波函数，由于它是一种正交小波，所以很容易通过快速小波转换 FWT 实现)。源图经过多尺度分解，形成低频子带系数和一系列高频子带系数。对于低频子带系数，我们采用最常见的最大值选择法 MSR[144]。对于高频子带系数，我们运用 SCM 神经网络进行融合。同时，单个像素点的系数值并没有直接作为外部刺激输入到 SCM，而是依然采用空间频率 SF 作为 SCM 网络的外部刺激，并将 SCM 的脉冲发放次数矩阵作为选择高频子带系数的挑选准则(有关空间频率 SF 的具体分析请参考第 4 章相关内容)。

5.3.2　融合算法步骤

设待融合源图为 A, B，融合结果图为 F。(i, j) 表示像素点位置。K 代表子带系数。

步骤 1：对 A, B 进行 DWT 分解，得到各自的低频子带系数和一系列高频子带系数。

步骤 2：运用 MSR 从 A, B 的低频子带系数 K_L^A, K_L^B 中选择 F 的低频子带系数 K_L^F，如式(5-19)所示：

$$K_L^F(i,j) = \begin{cases} K_L^A(i,j), & K_L^A(i,j) \geqslant K_L^B(i,j) \\ K_L^B(i,j), & K_L^A(i,j) < K_L^B(i,j) \end{cases} \tag{5-19}$$

步骤 3：利用式(5-20)计算各尺度各方向上的高频子带系数的 SF 值：

$$SF_{i,j} = \sum (I_{i,j} - I_{i-1,j})^2 + (I_{i,j} - I_{i,j-1})^2 \tag{5-20}$$

步骤 4：将 SF 作为 SCM 网络的外部刺激进行神经网络运算使神经元产生脉冲(利用第 4 章式(4-5)～式(4-7))。

步骤 5：利用公式(5-21)计算脉冲发放次数矩阵 $T_{i,j}(n)$(注：$T_{i,j}^{g,h}(n)$ 记录前 n 次循环中像素点(i,j)总共产生脉冲的个数总和)：

$$T_{i,j}(n) = T_{i,j}(n-1) + Y_{i,j}(n) \tag{5-21}$$

步骤 6：将 $T_{i,j}(n)$ 作为选择高频子带系数的挑选准则，利用式(5-22)计算 F 在各尺度各方向上的高频子带系数 K_H^F。

$$K_H^F(i,j) = \begin{cases} K_H^A(i,j), & T_{i,j}^A(n) \geqslant T_{i,j}^B(n) \\ K_H^B(i,j), & 其他 \end{cases} \tag{5-22}$$

步骤 7：进行 DWT 反变换得到融合结果。

基于 SCM 与 DWT 的图像融合流程如图 5-7 所示。

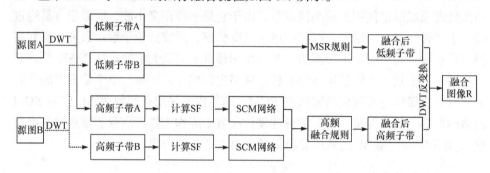

图 5-7　基于 SCM 与 DWT 的图像融合流程图

5.4　融合实验结果与讨论分析

对于融合质量的评估，我们依然采用互信息量 MI、标准差 SD、拉普拉斯能量 EOL 和 $Q^{AB/F}$。

本章的实验中，我们选择了三组不同类型的多源图像(图 5-8(a)和(b)，图 5-9(a)和(b)，图 5-10(a)和(b))。图 5-8(a)和图 5-9(a)是红外照相设备拍摄的图像，图 5-8(b)和图 5-9(b)是可见光图像。图 5-10 是一组医学图像，其中图 5-10(a)是脑部 PET 图，图 5-10(b)是 MR 图。红外线相对可见光而言，波长更长，能量比可见光低。红外线波长在 760nm～1mm。覆盖室温下物体所发出的热辐射的波段。透过云雾能力比可见光强。在通信、探测、医疗、军事等方面有广泛的用途。红外图像和可见光图像的融合技术在军事领域有极其重要的作用。从图 5-8(a)和图 5-9(a)中，我们可以看到通过红外线照相机，可以清晰地拍摄到远处的人，但无法捕捉周围环境的清晰画面。而普通相机拍摄时由于人和所处的环境颜色基本接近，拍摄的照片中无法辨出人，但是对周围环境的拍摄基本清晰。因此，通过将红外图像和可见光图像融合，可以得到更有价值的图像。图 5-10 中的 PET 图和 MR 图的关系，我们在第 4 章已做说明，此处不再赘述。

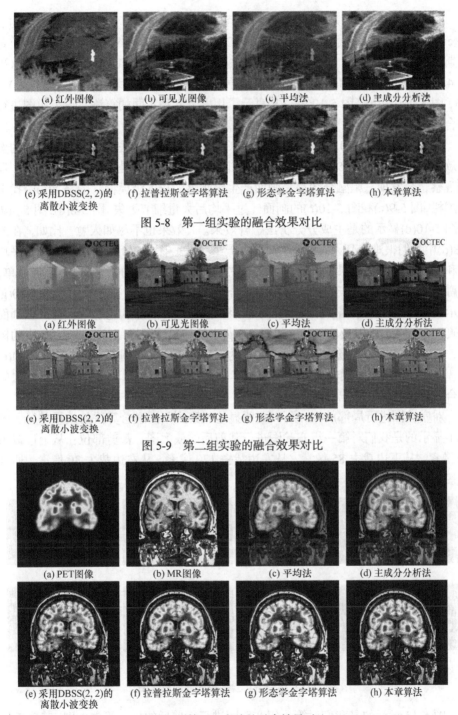

(a) 红外图像　　(b) 可见光图像　　(c) 平均法　　(d) 主成分分析法

(e) 采用DBSS(2, 2)的　　(f) 拉普拉斯金字塔算法　　(g) 形态学金字塔算法　　(h) 本章算法
离散小波变换

图 5-8　第一组实验的融合效果对比

(a) 红外图像　　(b) 可见光图像　　(c) 平均法　　(d) 主成分分析法

(e) 采用DBSS(2, 2)的　　(f) 拉普拉斯金字塔算法　　(g) 形态学金字塔算法　　(h) 本章算法
离散小波变换

图 5-9　第二组实验的融合效果对比

(a) PET图像　　(b) MR图像　　(c) 平均法　　(d) 主成分分析法

(e) 采用DBSS(2, 2)的　　(f) 拉普拉斯金字塔算法　　(g) 形态学金字塔算法　　(h) 本章算法
离散小波变换

图 5-10　第三组实验的融合效果对比

　　我们沿用第 4 章采取的五种融合算法与本章提出的算法进行比较：平均法(averaging)，主成分分析法(PCA)，采用 DBSS(2, 2)的离散小波变换(DWT)，拉普拉斯金字塔算法(LP)，形态学金字塔算法(MP)。参数设置如下：金字塔分解水平为 4。像素选取原则：高频系数按最大值原则，低频系数按平均值原则。图 5-8(c)～(h)，图 5-9(c)～(h)，图 5-10(c)～(h)显示了用以上六种不同的算法对三组源图进行融合后的结果图。

　　从图 5-8～图 5-10 显示的融合效果来看，很明显平均法和主成分分析法的融合效果最不理想。图 5-8(c)，图 5-9(c)和图 5-10(c)显示的是平均法融合效果，仔细观察，会发现三幅融合图都是画面产生朦胧感，灰度级模糊。图 5-8(c)中找不到围栏，图 5-9(c)和图 5-10(c)的画面经过平均后大量细节丢失。图 5-8(d)，图 5-9(d)和图 5-10(d)显示的是主成分分析法融合效果。其效果也不尽如人意。比如，在图 5-8(d)中我们很难找到人，造成关键信息严重丢失；图 5-9(d)天空颜色失真；平均法和主成分分析法效果不好的原因在于它们都不是多尺度分析法，融合原理简单，但融合效果远不及基于多尺度分析的融合算法。图 5-8(g)，图 5-9(g)和图 5-10(g)显示的是形态学金字塔算法融合效果。该算法在处理边缘和轮廓时，都产生画面失真和灰度失真，以及块效应。如图 5-8(g)中的房顶及围栏部分，图 5-9(g)中的树顶，图 5-10(g)中的大脑内部结构。剩余的三种效果图，即图 5-8～图 5-10 中的(e)图、(f)图和(h)图分别作为离散小波变换、拉普拉斯金字塔算法和本章提出算法的融合效果图，均展示出良好的融合效果。

　　对实验图进行局部放大，可以更明显地观察到不同融合算法的效果差异。图 5-11 显示的是我们对第一组实验图进行裁剪后的放大图。裁剪部位：从上边裁去 90 像素，从下边裁去 85 像素，从左边裁去 170 像素，从右边裁去 30 像素。通过观察，(c)图画面模糊；(d)看不见人。

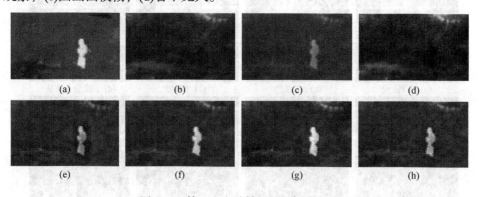

图 5-11　第一组实验结果的局部放大图

图 5-12 显示的是我们对第一组实验图进行裁剪后的另一组放大图。裁剪部位：

从上边裁去150像素，从下边裁去20像素，从左边裁去50像素，从右边裁去110像素。(d)图画面有些过亮有些过暗，细节丢失；(g)图产生明显的块效应和画面失真。

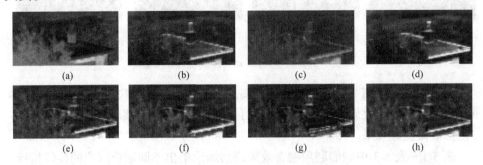

图 5-12 第一组实验结果的另一局部放大图

图 5-13 显示的是我们对第二组实验图进行裁剪后的放大图。裁剪部位：从上边裁去20像素，从下边裁去280像素，从左边裁去10像素，从右边裁去230像素。其中(c)图经过平均后对比度大幅降低；(d)图的云层整体发亮，层次感消失；(g)图树顶产生严重黑线条，跟原图不符。

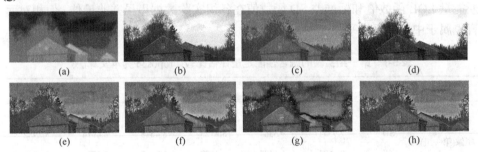

图 5-13 第二组实验结果的局部放大图

图 5-14 显示的是我们对第二组实验图进行裁剪后的另一组放大图。裁剪部位：从上边裁去200像素，从下边裁去180像素，从左边裁去280像素，从右边裁去220像素。其中，(c)图中分辨不出人；(d)图以反黑显示人，但是，红外摄像设备拍摄的人体应该是发亮的，因此，(d)图并没有捕捉到(a)图所显示的由红外设备拍摄的人。

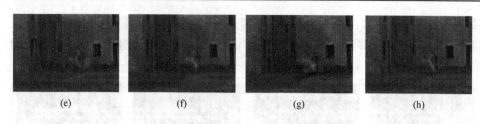

(e) 　　　　　(f) 　　　　　(g) 　　　　　(h)

图 5-14　第二组实验结果的另一局部放大图

通过上述四组细节图，可以看到，离散小波变换、拉普拉斯金字塔算法和本章提出算法的融合效果图在细节保持、对源图有效信息的提取、画面对比度等各方面都取得良好效果。

表 5-1～表 5-3 中我们利用融合效果评估函数给出不同融合算法的性能指标。图 5-15 以图形化方式显示了融合算法的性能指标比较。其中，表 5-1 是第一组源图的实验数据，表 5-2 是第二组源图的实验数据，表 5-3 是第三组源图的实验数据。从实验数据可以看出在三组源图实验中，本章算法的互信息量 MI 函数值在第二组和第三组融合实验数据中取得最大值；本章算法的 $Q^{AB/F}$ 函数值在第一组、第二组和第三组源图的融合实验中都取得最大值；同时，本章算法的拉普拉斯能量 EOL 函数值和标准差 SD 函数值在各组实验数据里虽并非最佳，但相对而言也属于中等良好水平。

表 5-1　第一组实验的融合性能定量评估比较(Proposed 为本文算法)

源图	评价指标	平均算法	PCA	DWT	LP	MP	Proposed
图像(第一组)	MI	0.9129	**2.2931**	0.7247	0.7849	0.6840	**0.9849**
	SD	7.9551	**9.5364**	8.2123	8.4648	**8.4914**	8.2982
	EOL	0.3693	1.1488	1.3183	1.3937	**2.3734**	**1.4098**
	$Q^{AB/F}$	0.0130	**0.0301**	0.0243	0.0243	0.0263	**0.0396**

注：黑体表示同组中性能排前二的数据。

表 5-2　第二组实验的融合性能定量评估比较

源图	评价指标	平均法	PCA	DWT	LP	MP	Proposed
图像(第二组)	MI	1.9918	**2.8069**	1.6301	1.6513	1.2697	**2.9546**
	SD	**9.5700**	8.1862	9.5378	9.5252	9.3777	**9.5417**
	EOL	0.5514	**1.7836**	1.2200	1.1792	**1.2399**	1.1413
	$Q^{AB/F}$	0.0412	**0.0686**	0.0604	0.0611	0.0595	**0.0697**

表 5-3　第三组实验的融合性能定量评估比较

源图	评价指标	平均算法	PCA	DWT	LP	MP	Proposed
图像(第三组)	MI	2.1655	**2.4311**	2.1098	2.1642	2.3002	**2.5234**
	SD	**10.8812**	**10.8528**	10.4732	10.6655	10.3067	10.7904
	EOL	0.3045	0.3106	0.9071	0.9242	**1.1096**	**0.9844**
	$Q^{AB/F}$	0.3891	0.4429	0.4712	**0.5911**	0.4847	**0.6543**

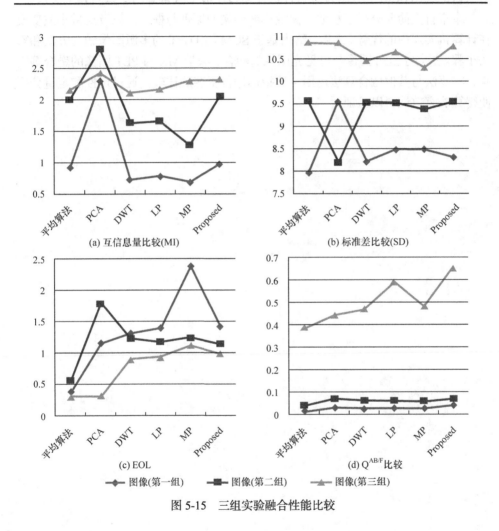

(a) 互信息量比较(MI)　　　　　(b) 标准差比较(SD)

(c) EOL　　　　　(d) $Q^{AB/F}$ 比较

◆ 图像(第一组)　■ 图像(第二组)　▲ 图像(第三组)

图 5-15　三组实验融合性能比较

5.5　本章小结

如何将作为"数学显微镜"的小波与作为第三代神经网络的 PCNN 结合在一

起进行图像处理早已引起学界的关注。SCM 模型是 PCNN 的简化模型，适合图像处理。考虑到小波变换是最为经典、成熟的多尺度分解算法，同时由于目前尚未有基于小波变换和 SCM 的融合研究。因此，我们将小波变换和 SCM 相结合，对其在图像融合中的可行性以及性能做一些探讨与研究。基于多尺度分解的融合算法，其最为关键的步骤是对变换系数的选择，即融合规则的设计。因此研究中重点讨论利用 SCM 的人眼视觉特性选择通过小波变换得到的图像高频子带系数。

　　本章首先简要分析了小波、离散小波变换的原理与框架，以及离散小波变换在计算机实现中的优势。之后，给出基于 SCM 与 DWT 的多源图像融合方案和算法步骤。进行了红外图像与可见光图像的融合、医学 MR 与 PET 图像的融合等实验，将算法与其他融合算法运用 4 项指标进行了客观比较。通过定性和定量分析使得算法有效性得以验证。

第6章 PCNN 的应用研究

对近十几年 PCNN 的应用研究领域相关文献资料和学术论文的分析汇总结果显示，PCNN 的主要应用研究集中在图像融合、图像分割、图像识别、特征提取、边缘检测、图像除噪、路径规划等方面。除了这些主要应用领域，还发现研究者将 PCNN 应用在图像增强、图像检索、移动目标跟踪、图像配准等领域。现将有关 PCNN 在这些领域的研究大致予以介绍。

6.1 图 像 除 噪

在图像的获取传输过程中，信号往往受到一些突发性噪声干扰，如脉冲噪声，从而使图像中产生一些极亮或极暗点，降低图像质量。而另外一些噪声，如高斯噪声，则是与脉冲噪声完全不同的噪声，如果一幅图像受到高斯噪声的干扰，则图像中所有像素的灰度值均受到不同程度的干扰。

PCNN 网络中状态相同或相似的神经元同步发放脉冲，利用这一特性，可以去定位噪声点的具体位置。对于脉冲噪声和高斯噪声，利用 PCNN 可以进行有效地清除。

首先对于脉冲噪声，由于受脉冲噪声干扰的像素的灰度值与周围其他像素的灰度值差异性很大，根据这一特性可以设计基于 PCNN 的脉冲噪声滤波器[155]，其大致原理是先用 PCNN 对图像进行预处理，找到噪声点的位置，再采用中值算法恢复像素灰度值。算法中，PCNN 初始阈值被复位为 0，第一次迭代后，各神经元输出均为 1，通过设置合适参数使得第二次迭代后，高亮度噪声点对应神经元输出 1，而其他神经元输出 0。然后采用中值算法去除高亮度噪声点。对于低亮度噪声点，可以对去除高亮度噪声点后的图像进行反白处理，然后重复前述过程即可。由于该算法只对噪声点进行处理，所以对图像的边缘细节保持得很好。

高斯噪声是一个平稳遍历的随机过程，通过分析受高斯噪声污染的图像特点，可以采用一种基于 PCNN 赋时矩阵的高斯噪声滤波算法[156]。赋时矩阵是由 PCNN 产生的一种从空间图像信息到时间信息的映射图，其大小与 PCNN 的外部输入矩阵及输出矩阵相等，矩阵中的每个元素与输入输出矩阵所关联的神经元一一对应，矩阵中存储的是每个神经元点火时间相联系的时刻信息。进行图像处理时，赋时矩阵不是简单的噪声图像的量化，而是基于 PCNN 模型考虑了前一时刻神经元的行为。通过引入赋时矩阵，再运用一些综合方法，可以有效地去除被高斯噪声污染的图像中的噪声，处理结果的信噪比高，对边缘和细节的保护性好。

6.2　图　像　分　割

图像分割就是把图像分成若干个特定的、具有独特性质的区域并提出感兴趣目标的技术和过程。它是由图像处理到图像分析的关键步骤。只有把图像分割处理好，才能进一步识别各个子区域，进而进行目标识别、图像理解、计算机视觉研究等。图像分割的好坏直接影响后续的工作。图像分割方法很多，例如，基于阈值的分割方法、基于区域的分割方法、基于边缘的分割方法以及基于特定理论的分割方法等。从数学角度来看，图像分割是将数字图像划分成互不相交的区域的过程。图像分割的过程也是一个标记过程，即把属于同一区域的像素赋予相同的编号。对图像分割算法的研究已有几十年的历史，借助各种理论至今已提出了上千种各种类型的分割算法。尽管人们在图像分割方面做了许多研究工作。但由于尚无通用分割理论，因此现已提出的分割算法大都是针对具体问题的，并没有一种适合于所有图像的通用的分割算法。同时，图像分割处理算法还存在与人类视觉机理相脱节的问题。随着对图像分割研究的深入，人们发现，现有的方法大都与人类视觉机理相脱节，因而难以进行类似于人眼视觉系统一样的精确分割。其次，人类视觉分割应用了许多图像以外的先验知识。这些先验知识对图像的精确分割起到关键作用。因此，如果要让分割结果更精确，应该在分割算法中利用人类视觉特性。

利用 PCNN 进行图像分割，与其他方法有一个显著不同的特点，就是在 PCNN 网络里，一个神经元的激发会引起相邻连接区域活动状态类似的其他神经元的同步激发，从而产生脉冲簇，这说明 PCNN 能缩小灰度值相近的像素差异，能弥补因细小灰度差别而造成的图像中边缘间隙的不连续。这在一些特定的图像分割领域中非常关键。例如，植物体细胞胚切片图像分割。文献[157]中介绍了几种基于 PCNN 的图像分割算法。第一种是基于 PCNN 和熵值最大原则的植物细胞图像分割算法。熵是图像统计特性的一种表现形式，反映了图像包含信息量的大小。对于图像而言，一般分割后图像熵值越大，说明分割后得到的信息量越大，细节越丰富，总计效果越好。在算法中，PCNN 每次循环迭代时，计算其分割输出的二值图像的熵值，求出使得该熵值取最大时的迭代次数。此时输出的二值图像一般而言是总体分割效果最佳的输出图像。第二种是基于交叉熵的改进型 PCNN 图像自动分割方法。交叉熵是用来度量两个概率分布之间信息量的差异，最小交叉熵原则应用于阈值分割中，就是搜索使分割前后图像信息量差异最小的阈值。对于处理前的原始图像和分割后的结果图像，计算目标之间的交叉熵、背景之间的交叉熵，并取其和，将和定义为原图像和分割图像之间的交叉熵。该方法中为了更好地适应图像处理的需要，仅从图像分割的目标和精度出发，利用神经元的抑制特性，采用由小到大单调增长的阈值函数，对 PCNN 模型进行简化，对于由 PCNN 在不同时刻产生的抑制图像所分割出的各子图像区域进行逐层分割，直到分出目标和背景。对于分割出的序列图像，根据需要选出所需的二值图像。在分割过程中，每个神经元只能激活一次，当内部加权系数矩阵所在的领域内有灰度值相近的像素存在，且其中某一像素灰度值小于输入阈值时，由其抑制产生的脉冲输出依次传递将会引起附近其他类似灰度像素对应神经元的抑制，从而产生脉冲输出系列。由离散时间产生的脉冲输出序列构成的二值图像就是 PCNN 的输出分割图像。为了确定最有分割结果和最佳迭代次数，文献[158]给出了基于信息熵最大准则的分割方法。另外，还有一些其他基于 PCNN 的图像分割算法，例如，将遗传算法和 PCNN 结合起来，发挥二者优势，利用 PCNN 的生物视觉特性和遗传算法的解空间随机搜索能力，寻找关键参数最优值，从而完成参数设置和图像的自动分割。

上述方法中的实验结果显示，基于 PCNN 的图像分割精度高，适应性强。但由于 PCNN 是一个极其复杂的非线性系统，因此，PCNN 模型及其参数对图像分割的一些影响有待进一步分析和探讨。

6.3　模式识别与特征提取

根据 PCNN 的生物视觉特性，将其用于模式识别和特征提取，也是 PCNN 在图像处理领域内的典型应用。例如，将 PCNN 用于图像中特定目标的识别、语音识别、虹膜识别等。Johnson 最早研究了 PCNN 用于对目标图像进行特征提取的可行性，随后许多研究者都展开了相关研究。从相关研究结果看，利用 PCNN 进行特征提取有很好的性能。一幅二维灰度图像输入 PCNN 后，将产生一系列的脉冲输出图像，由于输出图像是只包含 0 和 1 的两种取值的二值图像，虽然这些二值图像序列包含有原始图像的大量特征信息，但不能将其作为这些原始图像的特征进行分类识别，因为它们的数据量是以离散时间顺序产生的，数据量太大。这种情况下，需要对二值图像序列进行图像变换以达到减少数据量的目的，变换后的数据可作为原始图像数据特征。Johnson 提出，对 PCNN 每一次输出的二值图像进行求和运算，得到一个一维的时间序列。Johnson 证明，每一幅图像都有唯一的时间序列。如果参数选择合适，时间序列会出现周期性，可作为统计分类器或模式分类神经网络的输入。文献[159]中根据信息熵提出一种新的时间信号序列，即信息熵时间序列。熵是图像统计特性的一种表现形式，它反映了图像所包含的信息量。采取的方法是计算 PCNN 每次输出二值图像的熵值，从而得到一维的熵序列。通过实验发现，在合适的参数下，绝大多数图像的熵序列是唯一的。不同的图像，熵序列有明显的差别。同时熵序列具有旋转不变性、平移不变性、缩放不变形和局部变形不变性。上述时间序列和熵序列都可以作为图像特征提取方法。两种方法都是对 PCNN 二值输出图像中对于边缘、纹理、形状等信息的描述，区别在于时间序列只统计"亮"的像素，熵序列统计"亮"和"暗"的分布情况。效率方面，前者运算速度比后者快，因为前者对图像进行的是加法运算，而后者除了加法还有对数运算。从物理意义上看，时间序列统计的是每次迭代后点火神经元的个数，熵序列统计的是每次迭代后输出图像的熵值。两者的共同点是都反映了输入图像的灰度分布情况，同时反映了相邻像素之间的位置信息，即图像的空间几何信息，这恰恰是它们能够作为图像特征的关键所在。另外，基于 PCNN，还可以利用直方图矢量重心作为图像特征进行模式识别。二维灰度图像的像素可看作是平面上的质点，灰度值就是相应的质点质量。求出直方图矢量质量和重心。由于原始图像的直方图不含有空间信息，因而不同的图像可能具有相同的直方图。因此，直方图矢量重心不能反映图像特征，也不能用于图像识别，但当对原始图像进行 PCNN 处理时，形成 PCNN 赋时矩阵，将赋时矩阵作为一幅图像求其直方图及其上述相关物理量时，由于 PCNN 在迭代过程中利用了调制耦合机制，形成赋时矩阵的直方图矢量既包含像素的灰度信息，又包含像素的空间信息。因此赋时矩阵的直方图矢量的重心忠实地反映了图像特征。

利用这种进行特征提取和目标识别，具有良好的抗几何畸变性。除了上述的以时间序列、熵序列、直方图矢量重心作为反映图像特征的指标，还有利用 PCNN 模型通过均值残差、标准方差、正交变换等方法作为图像特征指标进行特征提取的相关研究。在文献[160]和[161]中还介绍了利用 PCNN 进行语音识别和虹膜识别的方法。感兴趣的读者可以参阅原文。

6.4　图像增强

图像增强是针对给定图像的应用场合，增强图像中的有用信息，有目的地强调图像的整体或局部特性，将原来不清晰的图像变得清晰或强调某些感兴趣的特征，扩大图像中不同物体特征之间的差别，抑制不感兴趣的特征，使之改善图像质量、丰富信息量，加强图像判读和识别效果，满足某些特殊分析的需要。其最终目的是要改善图像的视觉效果。

图像增强有空域增强、频域增强、色彩增强等。其中，空域增强包括空域变换增强和空域滤波增强。空域变换增强是基于像素的处理方法，常见的有对比度增强、直方图增强等，空域滤波增强方法常见的有图像卷积运算、边缘增强、平滑滤波、定向滤波等。频域增强是指通过调整图像频谱特性来实现图像对应频率像素灰度值的改变，从而改善图像质量。频域滤波的基础是傅里叶变换和卷积定理。常见的滤波有高通滤波、低通滤波、带阻滤波器、带通滤波等。色彩增强在生物、医学图像处理领域中有非常重要的作用，例如，生物生长发育研究、病理学研究、医院疾病影像诊断、计算机控制的手术过程等。但是，目前，图像增强算法研究还是主要集中在灰度图像处理，而直接针对彩色图像的增强算法不是很多。

　　人眼类似于一个光学系统，但它不是普通意义上的光学系统，还受到神经系统的调节。人眼观察图像时有以下几个方面的反应特征：①从空间频率域来看，人眼是一个低通型线性系统，分辨景物的能力是有限的。由于瞳孔有一定的几何尺寸和一定的光学像差，视觉细胞有一定的大小，所以人眼的分辨率不可能是无穷的，HVS 对太高的频率不敏感。②人眼对亮度的响应具有对数非线性性质，以达到其亮度的动态范围。由于人眼对亮度响应的这种非线性，在平均亮度大的区域，人眼对灰度误差不敏感。③人眼对亮度信号的空间分辨率大于对色度信号的空间分辨率。④由于人眼受神经系统的调节，从空间频率的角度来说，人眼又具有带通性线性系统的特性。由信号分析的理论可知，人眼视觉系统对信号进行加权求和运算，相当于使信号通过一个带通滤波器，结果会使人眼产生一种边缘增强的感觉即侧抑制效应。⑤图像的边缘信息对视觉很重要，特别是边缘的位置信息。人眼容易感觉到边缘的位置变化，而对于边缘的灰度误差，人眼并不敏感。

　　PCNN 是哺乳动物视觉皮层神经元信号传导特性的量化描述，它揭示了如下的视觉特性：

　　(1) PCNN 神经元激发兴奋产生的脉冲同步振荡特性和捕获特性说明人眼感知亮度差异的有限性，也就是说人眼很难分辨低于最低限度的亮度差别。

　　(2) PCNN 的神经元基本构成单元是漏电积分器，因而对灰度值的感应按指数规律衰减。此外，神经元被激发兴奋之后，不会再次点火兴奋，而是有一段等待期。这两点与人眼感知亮度变化的滞后和指数衰减的视觉暂留现象相对应。

　　通过研究 PCNN 动态门限以指数衰减规律特性和神经元点火周期与输入激励的关系后，发现 PCNN 对不同灰度像素处理方式是不一样的，对于图像中比较明亮的部分，灰度差值处理比较粗糙，而对于较暗区域，灰度之间差值处理更加精细，这种图像处理机制与上述人眼视觉系统的特性特别是对亮度的对数非线性响应非常吻合。因此，利用 PCNN 对图像进行增强时也会有很好的效果。

　　如前所述，赋时矩阵是 PCNN 产生的一种从空间图像信息到时间信息的映射图，矩阵中的每个元素与神经元一一对应，矩阵中存储的是每个神经元第一次的点火时间。研究发现，赋时矩阵的输入激励和输出结果之间的对应关系符合韦伯-费希纳定律。同时，客观世界的亮度与人眼主观亮度感觉之间的对应关系也是符合韦伯-费希纳定律。因此，可以看出，赋时矩阵描述了人眼对客观世界的主观感受。因此，在许多文献中，研究者利用 PCNN 赋时矩阵进行图像增强，并取得不错的效果。一些研究者发现，为了更好地突出暗区的边缘特征，可以人为扩大图像像素间的灰度差值，为此，需要对 PCNN 动态门限 E 的初值进行修饰。具体地，先对输入激励 S 进行边缘增强，通常采用的边缘增强方法是用拉普拉斯算子进行滤波。对于彩色图像，可以先对彩色图像进行坐标变换，对三通道分别进行灰度图像增强处理，最后对处理结果反变换合成彩色图像[162]。

6.5　数字签名

签名技术是信息检索系统中普遍使用的一种技术，对于某个对象进行唯一的标识。其优势在于签名长度固定，使得很多操作如检索、存储可以非常高效地完成；在存储的时候，利用签名来表示实际图像，能够节省大量空间，而且容易实现图像检索系统。图像搜索引擎中，可以对图像内容进行签名，以匹配图像签名实现图像检索。PCNN 用于特征提取时，可以将二维图像信息提取成一维的矢量，这种矢量具有平移、旋转、尺度等不变性，同时还具有很好的抗噪性。所以，可用 PCNN 很好地对图像进行签名。用 PCNN 进行图像签名最早由 Johnson[65]提出，特征提取方法是对 PCNN 每次迭代输出的二值图像进行求和，该和被 Johnson 称为时间序列，该时间序列具有前述的不变性，且如果参数选择合适，还会出现周期性，适合对统计分类器或模式分类神经网络的输入进行识别。后期的研究者继续探索是否存在比时间序列更好的特征提取方法，尝试的方法有熵、能量熵、对数、能量对数、能量时间序列、均值残差、标准方差等。有了这些特征矢量，就可以在数据库中进行匹配。匹配时，利用欧氏距离。实验结果显示，这些特征提取方法可以取得显著的效果。还有一些学者利用 PCNN 简化模型进行数字签名研究，在文献[163]中，研究者利用 PCNN 经典简化模型 ICM 进行研究。结果显示，ICM 同样可以通过用一维的信息对二维图像签名，而且具有更小的计算复杂度，检索效率更高。当然，PCNN 和 ICM 在基于内容的数字图像签名技术方面有其自身的短板，特别是参数设置是一个复杂的工作，而且没有很好的自动设置参数的方法。

第7章　总结与展望

7.1　总　　结

图像融合是信息融合领域的一个研究热点和难点，也是数字图像处理领域非常重要的一个研究分支。由于军事和民用的需求，研究人员对图像融合领域不断开展广泛的研究，并提出各种融合理论和算法。脉冲发放皮层模型 SCM 是脉冲耦合神经网络 PCNN 的简化模型之一，与传统 PCNN 相比，SCM 具有更轻的运算量；同时，与现有的其他 PCNN 简化模型相比，SCM 模型具备完善的数学理论基础，更接近视觉神经元的生物特性。

SCM 因其哺乳动物视觉特性而被成功用于图像处理领域，但在现有文献中，目前尚未发现其在图像融合领域的相关研究和讨论。基于此，本书从 SCM 模型的哺乳动物视觉特性出发，利用像素级图像融合原理，将 SCM 模型应用于图像融合领域。

本书的课题重点研究了基于脉冲发放皮层模型的像素级图像融合算法。本书的研究工作得到了西北民族大学"一优三特"学科中央高校基本科研业务重大培育项目"基于视觉 Gamma 带同步振荡神经网络的图像处理应用研究"(项目编号：31920170143)的支持。

本书从脉冲发放皮层模型的哺乳动物视觉特性出发，利用像素级图像融合原理，首次将脉冲发放皮层模型应用于图像融合领域。研究工作围绕基于脉冲发放皮层模型的多聚焦图像融合技术，以及多传感器图像融合技术展开。重点讨论了基于脉冲发放皮层模型的图像融合技术、将脉冲发放皮层模型与经典的离散小波变换相结合进行图像融合的技术，以及将脉冲发放皮层模型与代表多尺度分析方法的非下采样轮廓法变换相结合进行图像融合的技术。提出并设计了符合人眼视觉特性的相关图像融合算法，指出基于脉冲发放皮层模型的融合技术的关键性环节和难点问题，并给出解决方案。深入讨论了各个算法的核心部分，通过融合实验对算法的有效性进行了验证。本书提出的融合方法对解决图像融合问题具有一定的参考意义。

本书主要完成以下几方面的工作：

(1) 在本书开始，梳理和分析了各种像素级图像融合方法，指出各种方法的优缺点；归纳出数字图像融合中需要解决的关键问题和困难所在；研究基于脉冲耦合神经网络的图像融合的原理、发展及特征；探讨了 PCNN 理论所提出的历史背景、研究现状、内部运算特性及神经网络运行特性；尤其对 SCM 的数学模型和运算特性进行了详细分析；系统地总结出 PCNN 作为人工神经网络进行图像融合的原理和优势所在；较为系统地总结出自 1999 年 PCNN 用于图像融合领域开始至今的研究工作进展；总结出基于 PCNN 图像融合研究工作的特点。通过这一部分的研究工作，为基于 SCM 的图像融合技术提供了理论背景和研究前提，为文章后续部分构建了框架性脉络和知识体系。

(2) 提出了基于 SCM 的多聚焦图像融合技术。目前讨论基于 PCNN 的图像融合技术的相关研究文献并不少见，但尚未发现有关基于 SCM 的图像融合技术的讨论。在这一部分，我们讨论基于 SCM 的多聚焦图像融合技术的可行性。特别地，给出了一种 SCM 用于多聚焦图像融合时神经网络循环次数的设定方法，提出了一种新的像素点清晰度评价准则并验证其有效性，根据 SCM 同时具备基于窗口选取像素和基于区域选取像素的优势，给出基于 SCM 的多聚焦图像融合的算法框架、算法步骤，以及融合实验数据和融合结果分析。

(3) 提出了基于 SCM 与非下采样轮廓波变换 NSCT 的多传感器医学图像融合方法。首先，梳理了从最早的小波变换到后小波时代的脊波变换、曲波变换，轮廓波变换，再到近期的 NSCT 等各种多分辨率分析算法的演变和进展，梳理出相互之间的补充继承关系；总结了现有的基于 PCNN 和 NSCT 的图像融合技术的进展；并指出，许多传统融合算法对毫无关联的单独的像素点直接进行运算对融合效果会造成一定影响，而 SCM 由于其同步脉冲发放特性很好地表达了区域内强相关像素的关系，可以避免对弱相关像素、无相关像素的直接运算；之后，将图像多尺度分析发展至今的代表性方法——NSCT 与 SCM 相结合进行图像融合；利用 NSCT 各向异性的轮廓波基使其在图像处理中具有刻画线奇异的优势，以及 SCM 的人眼视觉特性设计融合规则，将融合算法应用于医学图像融合这一具有实际应用意义的领域，本书除了给出算法方案、算法步骤，以及具有代表性的医学图像融合实验外，还对实验结果从主观、客观两方面进行定性与定量分析。

(4) 提出了基于 SCM 与离散小波变换 DWT 的多源图像融合方法。在本书的这一部分，考虑到就实际运用程度而言，小波变换已经达到工业级应用水平，而后小波时代的多尺度变换更多的是处于理论探讨、实验仿真以及小规模应用的层面；同时由于目前尚未有基于小波变换和 SCM 的融合研究，因此我们尝试将小波变换和 SCM 相结合，对其在图像融合中的可行性以及性能做一些探讨与研究。利用 SCM 对不同刺激的响应与韦伯定律一致这一特性选择通过小波变换得到的图像高频子带系数。给出基于 SCM 与 DWT 的多源图像融合方案和算法步骤。

书中对提出的每种融合方法，都给出了理论基础、算法框架，指出关键性环节和难点问题，进行相应的融合实验，并从主观定性分析和客观定量分析两个方面对提出的融合方法进行了性能评估。

总之，书中既讨论了通过单一 SCM 进行图像融合的问题，也讨论了同时借助 SCM+NSCT，以及 SCM+DWT 两种技术进行图像融合的问题；既涉及在空间域中的讨论，也涉及在频域中的讨论。为了验证融合算法的有效性，进行了一系列有代表性的融合实验，对于实验结果，既进行了数据分析，也进行了视觉观察分析。书中的实验结果及对比分析验证了所提出的融合方法的有效性。因此，本书提出的融合方法对解决图像融合问题具有一定的参考意义。

概括而言，本书研究工作的主要创新之处如下：

(1) 提出了 SCM 多聚焦图像融合算法。给出了 SCM 用于多聚焦图像融合时其网络循环次数的一种自适应设定方法，提出一种新的图像像素点清晰度评价准则。利用 SCM 同时具备基于窗口选取像素和基于区域选取像素的优势，给出 SCM 多聚焦图像融合的算法框架、算法步骤。

(2) 利用 NSCT 各向异性的轮廓波基使其在图像处理中所具有的刻画线奇异的优势，以及 SCM 的人眼视觉特性及其同步脉冲发放特性对区域内强相关像素关系良好的表达，提出了基于 SCM 与 NSCT 的多传感器医学图像融合算法，将融合算法应用于医学图像融合这一具有实际应用意义的领域。

(3) 提出了基于 SCM 与离散小波变换的多源图像融合方法。将离散小波变换和 SCM 相结合，利用 SCM 对不同刺激的响应与韦伯定律相一致这一特性选择通过小波变换得到的图像高频子带系数。给出基于 SCM 与离散小波变换的多源图像融合方案和算法步骤。

经过近二十多年的发展，图像融合取得了一些成果，在军事、医学、安全、遥感以及机器人等领域内得到了广泛的应用。但随着研究的深入，仍面临许多问题。特别是在融合性能评价、图像配准、快速融合算法、硬件实现几个领域面临更为复杂的挑战。

就本书而言，不足的地方主要有以下几点：

(1) 未涉及图像融合中的图像配准问题。如何对不同传感器设备获取的图像进行自动配准，需要更深的研究。

(2) 主要讨论了基于脉冲发放皮层模型的图像融合技术的有效性，对其运算时间成本等并未涉及。主要原因在于一方面由于该神经网络模型参数多，尚无快速算法，时间成本并不是其优势；另一方面，神经网络参数设置复杂，因而难以用经验值的时间成本衡量其效率。

(3) 对融合图像进行性能评价时，直接沿用已有的一些融合评价函数，而没有形成一个较为完善的评价体系。

总之，本书主要讨论基于脉冲发放皮层模型的图像融合算法。本书提出的融合方法对解决图像融合问题具有一定的参考意义，后续还有许多工作需要更进一步地研究和完善。

7.2　展　　望

7.2.1　神经网络

虽然计算机技术从 1946 年到现在取得了人类史上惊人的发展,但是实现真正意义上的机器智能至今仍然困难重重。伴随着神经解剖学的发展,人类对大脑组织的形态、结构与活动的认识越来越深入,人脑信息处理的奥秘也正在被逐步揭示。在机器上建立类人脑智能,最终使机器掌握人类的认知规律,是机器智能的研究目标。机器智能已成为世界各国研究和角逐的热点。继美国及欧盟各国之后,中国脑科学计划在 2015 年浮出水面。机器智能的实现离不开大脑神经系统的研究。人脑是由几十多亿个高度互联的神经元组成的复杂生物网络,也是人类分析、联想、记忆和逻辑推理等能力的来源。神经元之间通过突触连接以相互传递信息,连接的方式和强度随着学习发生改变。人工神经网络通过模拟人脑中信息存储和处理的基本单元神经元而具有自学习与自组织等智能行为,能够使机器具有一定程度上的智能水平。神经网络的计算结构和学习规则遵照生物神经网络设计。虽然人工神经网络这种仿生系统不能和大自然千百万年进化的生物神经网络媲美,但已经在某些方面取得了优越的性能。从 20 世纪 40 年代最初的 MP 神经元和 Hebb 学习规则,到 50 年代的 Hodykin-Huxley 方程、感知器模型与自适应滤波器,再到 60 年代的自组织映射网络、神经认知机、自适应共振网络,许多神经计算模型都发展成为信号处理、计算机视觉、自然语言处理与优化计算等领域的经典方法,为该领域带来了里程碑式的影响。目前神经网络已经发展了上百种模型,并取得了非常成功的应用。随着机器计算能力的提高与大数据时代的来临,最近发展起来的深层神经网络开始模拟人脑复杂的层次化认知规律,这一次人类借助神经网络找到了让机器处理“抽象概念”的方法。神经网络的研究又进入了一个崭新的时代[164]。

但是,面对未来,基于神经网络的机器智能还有许多挑战,特别是:

(1) 神经网络的认知研究。

尽管神经网络在语音识别和图像视频识别等任务中取得了巨大成功,但现有的人工神经网络仍然是对生物神经系统信息处理的初级模拟。同时,神经认知计算科学对视觉注意力、推理、抉择、学习、理解、决策等认知功能的研究刚刚起步。

实际上,人工智能现在所有的成就,最初起源于三十年前一篇有关多层神经网络训练方法的论文,它为人工智能当前的发展奠定了基础,同时,也造就了人工智能严重的局限性。1986 年, Geoffrey Hinton 发表了一篇论文,介绍了一种叫

作 "反向传播" (back propagation, BP) 的技术。本质上讲，今天的人工智能就是深度学习，而深度学习就是反向传播。为什么反向传播会在沉寂 30 多年后突然爆发？答案就是：不断增强的机器计算能力使这一理论得以验证。Hinton 被认为是人工智能领域的爱因斯坦。在人工智能领域最顶尖的研究人员中，Hinton 的引用率最高。他的学生领导着苹果、Facebook 和 OpenAI 的人工智能实验室；Hinton 本人是谷歌大脑 (google brain) 人工智能团队的首席科学家。人工智能在最近十年里几乎取得的每一个成就，包括语音识别、图像识别及博弈，在某种程度上都能追溯到 Hinton 的工作。

但是，深层次来讲，首先，反向传播并不是在深度研究人类大脑原理和神经科学的过程中发现的；其次，神经网络在发展过程中的大多数进步也同样并未涉及神经科学的原理和理念，相反，它所取得的大多数进步是数学和工程学的技术进步。从计算机思维角度看，神经网络虽然可以模仿人脑的并行思维、非线性思维，具有自组织、自学习、自适应的智能特性，同时拥有良好的容错性及鲁棒性，但本质上它只是不具备思维能力的模式识别机。神经网络的研究使得对多年来困扰计算机科学和符号处理的一些难题可以得到比较令人满意的解答，特别是处理时空信息、从关联的活动中自动获取知识等问题求解中显示出独特的能力，且在处理大量原始数据而不能用规则或公式描述的问题上表现出极大的灵活性和自适应性。神经网络可以有限地模仿人脑行为，但只能停留在一个浅薄的层面。正因如此，它有时表现出令人吃惊的低智能水平，甚至很容易被糊弄和欺骗。一个会精确识别图像的深度神经网络在加上一个人类根本察觉不到的视觉干扰后，就完全失灵了。自动驾驶汽车无法应对陌生情境。机器无法解析需要生活常识的语句。因此，神经网络仅仅是某种高级的具有超强算力的模式识别机制。三十年来，机器智能的发展，其科学含量远远少于工程含量。但被人工智能的发展一次次震惊和折服的普通人是很难理解这种保守的观点的，因为他们看到的是一个又一个伟大的进步。

如果人工智能当初的起源导致了它今天的发展局限，那么如何突破这种瓶颈？Hinton 认为，克服人工智能局限性的关键在于搭建 "一个连接计算机科学和生物学的桥梁"。反向传播是受生物学启发的计算机学突破；该理念最初并非来自工程学，而是来自心理学。因此，Hinton 希望再次尝试和效仿这个模式。从生物学、心理学角度，而不是从工程学角度出发去探索神经网络的未来发展途径。我们知道，计算机实现的神经网络由多个平面层组成，但人类神经皮层的真实神经元不仅是水平分布成层的，还有垂直排列的。Hinton 认为，目前这些垂直结构并未引入计算机神经网络。因此他正在搭建一个叫做 "胶囊" (capsule) 的人工视觉体系来验证这个理论[165]。

可以看出，如何从脑科学和神经认知科学层面发展出功能更加强大的机器智能计算模型，即推进对神经网络自身认知本质的研究，从结构模拟向功能模拟乃至行为模拟转换，才有可能实现更高层次的机器智能。

(2) 神经网络的信息论研究。

神经网络在应用层面的发展突飞猛进时，实际上更需要理论上的突破。神经网络由多层神经元组成。当神经元被激活时，它会发出信息，连接周围神经元。通过信息的层层传递，输入的数据最终被抽象成另一个数据。通过这一神经网络原理，机器已经学会了交谈、开车、玩游戏、下围棋并击败世界冠军，还能做梦、画画。

与此同时，让研究者困惑的是，为什么这些算法能做得这么好？是什么赋予了神经网络像人类一样泛化的能力？因为并没有太多指令在指引这些机器，仅仅是输入了一些基本原则。神经网络像个黑匣子，人类虽然可以使用这个工具，但里面发生的一切并不十分清楚。2017 年，希伯来大学计算机科学家和神经学家 Tishby 和 Zaslavsky[166]提出了一种叫做"信息瓶颈"的理论，这一理论在神经网络领域引起热议。信息瓶颈理论认为，神经网络在学习过程中像把信息从瓶颈中挤压出去，一般去除噪音输入，只保留与通用概念最相关的特征，其他一律丢弃。Tishby 认为："学习最重要的部分实际上是忘记"。Tishby 在接受采访时说："相关信息(relevant information)的概念在历史上提到了许多次，但从来没有被正确地形式化。多年来，人们认为信息论不是考虑相关性的正确方式，这个误解可以一直追溯到香农本人"。信息论的创始人香农认为"信息并非关乎语义"。但是 Tishby 认为这是不正确的。Tishby 意识到利用信息论"你能精确定义'相关'(relevant)"。

深度学习先驱 Geoffrey Hinton 认为信息瓶颈理论是近年来少有的突破。从香农提出信息论到当前的信息瓶颈理论，神经网络中的信息处理机制也许将有本质上的理论推进。神经网络与信息论之间的关系有可能要重新被定义。随着这些新理论的出现，人类打开神经网络黑匣子的进程往前推进一大步。对于研究者而言，这些新理论的出现，使得从信息论的角度重新认识神经网络将成为一个重要的研究课题[167,168]。

7.2.2　脉冲耦合神经网络

过去十几年 PCNN 的研究一方面揭示了脉冲耦合神经网络的机理，拓展和探索了脉冲耦合神经网络的应用场景；同时，也发现了该领域至今无法解决的理论和技术难题。大致罗列如下：

(1) 神经网络参数设置问题。

实际上，PCNN 的参数设置问题已被学界关注很久。从 PCNN 提出至今，参数设置一直是一个没有得到通用方案的问题。当多个参数叠加并进行调整时，参数之间对彼此的影响、各个参数对网络输出的影响都没有明确的理论解释。虽然，一定程度上对该问题有了一些研究成果，但是关键性问题并未得到良好解决。例如，PCNN 模型参数与神经网络的输入之间的关系还不是十分明确，研究者提出的一些自适应方法只能适用在某些特殊 PCNN 模型中，并不能推而广之，无法在标准 PCNN 模型上很好地运行。我们知道，PCNN 作为神经网络，其参数的调整对网络性能有着极大的影响，因此，今后的研究中应该加强对参数的系统化研究，例如，参数的设置原理、参数与神经网络输出结果之间的响应机制、多参数相互之间的影响、参数设置的极限和边界、参数的自适应设置和调整等[169]。

(2) PCNN 的非线性机制。

PCNN 是一个复杂的非线性系统，如果参数设置合适的话甚至是一个混沌系统，这是 PCNN 的一个重要特性。有些研究文献中专门指出了 PCNN 的混沌状态[170-172]。并对连续时间变化情况下脉冲耦合神经网络的混沌特性做了研究。

混沌运动是一种典型的非周期运动，是周期运动对称性的破缺，而对称性破缺实质上意味着有序程度的提高，所以混沌运动是另一种类型的有序；混沌区的系统行为并非真的一团乱麻，混沌谱本身还具有无穷的内部结构，其中嵌套着各种周期窗口，非周期与周期难分难解地交叉、缠绕在一起，表明混沌行为是一种非平庸的有序性；混沌内部的无穷嵌套结构具有标度变换的不变性，局部放大后其结构与整体相似，这种自相似性也是某种意义上的对称性，因此，混沌可以看成具有更高层次上的对称特征的有序态。在过去 20 年中，混沌在工程系统中逐渐由认为仅仅是一种有害的现象转变到认为是具有实际应用价值的现象来加以探讨。近年来的大量研究工作表明，混沌与工程技术联系愈来愈密切，它在生物医药工程、动力学工程、化学反应工程、电子信息工程、计算机工程、应用数学和实验物理等领域中都有着广泛的应用前景。在应用方面，主要包括混沌信号同步化和保密通信、混沌预测、混沌神经网络的信息处理、混沌与分形图像处理、基于混沌的优化方法、混沌生物工程、天气系统、生态系统、混沌经济等。在一些混沌显得非常重要而且有用的领域，有目的地产生或强化混沌现象已经成为一个关键性的研究课题。

混沌是一种非线性、非确定性低阶动力系统的复杂行为。而神经网络是一种具有非线性映射、自学习自适应、并行处理等特点的动力系统。可以用神经网络实现对混沌系统的分析和控制。例如，利用神经网络进行混沌时间序列的预测、混沌序列的产生、混沌信号源的设计、混沌保密通信和混沌系统控制等。常用于混沌研究的神经网络模型有 Hopfield 神经网络、BP 神经网络、MP 神经网络、RBF 神经网络、CNN 神经网络等。2002 年 Yamaguchi 等[173]首次提出利用 PCNN 产生混沌。之后，不断有将 PCNN 应用于混沌的研究出现。在 PCNN 模型表达式中，参数 V_E 是阈值放大系数，V_E 对点火周期起重要作用，它决定了点火后阈值被提升的程度。若 V_E 取常数则 PCNN 模型周期性地输出脉冲。若 V_E 取周期变化的数，则 PCNN 模型表现出混沌动态特性。不同的点火时刻决定了动态特性的改变。研究者针对特定期望点，对系统配置负的李雅普诺夫指数可实现对混沌 PCNN 系统设计特定的控制序列，选择特定参数的控制序列在特定期望点进行稳定控制就可实现对 PCNN 相位混沌的稳定控制。

但是，总体而言，有关 PCNN 的非线性机制和混沌特性的研究还是非常欠缺的，关于这方面的研究资料和学术论文少之又少，从而导致 PCNN 非线性机制方面的应用几乎未被展开。实际上，参数设置与混沌状态间的因果关系的不明确正是造成非线性研究无法展开的原因之一。

在未来，PCNN 研究仍有许多工作等待开展，研究者切入点不同，将得到不同的结论和观点。我们认为未来的研究中以下这些因素需要纳入考虑：

(1) 首先，学界对有关 PCNN 的研究一直有新的观点和发现产生，不同的切入点和侧重点产生不同层面的观点。众所周知，PCNN 参数较多并且参数值的不同设定对神经网络最终的数据结果有巨大的影响，甚至决定网络的性质，因此，未来的研究中，应该对 PCNN 的参数设置与网络输出之间的因果关系予以更多的关注。这是 PCNN 领域的一个基础理论研究，如果在这方面有所突破，对深层次理解 PCNN 机理，甚至对理解人类视觉神经计算将有很大的帮助。此外，参数设置的优化算法也应该引起关注，这意味着参数优化应该有一套如何科学设置的体系和机制，而不是凭借经验进行摸索。因为手工设置参数并不是一个很好的选择。

(2) 其次，应该重视 PCNN 的非线性机制，特别是混沌机制。一旦这个领域内产生新的突破，则意味着将开启 PCNN 研究的一个新阶段，相关的应用研究也将展开，例如，混沌状态下的安全通信、数字水印等。

(3) 另外，将 PCNN 与其他成熟理论(如小波理论、粗糙集、模糊理论)相结合是一种可取的、有效的研究途径，这种方式可以尽可能弥补 PCNN 的系统处理效率。效率的提升，意味着 PCNN 在图像处理领域内更实用。

(4) 最后，我们认为应该将神经生物学领域的最新发现尝试引入到 PCNN 领域[174]。因为，PCNN 本身来源于哺乳动物的视觉神经机制，神经生物学的新观点、新发现也许能给 PCNN 的研究带来一些启发，进而可以拓展 PCNN 的理论和应用研究。通过将前沿的、探索性的研究包括前述提及的对神经网络的认知研究和信息论研究等引入脉冲耦合神经网络这个子领域，去发掘 PCNN 本身的一些深层次网络特性，这也许是 PCNN 研究领域另一个极具挑战性的探索途径。

7.2.3　图像融合

图像融合一直是数字图像处理领域重要的组成部分。为了满足现实中实际应用的需要，研究者们一直以来不断提出更有效的图像融合方法。近十几年来，著名国际期刊上发表的有关图像融合的学术论文数量急剧增加,数量增长达到近 10 倍(2010 年在 *Web of Science* 上统计的 image fusion 领域的论文数量是 40 余篇,而在 2014 年达到近 400 篇)[175]。这种快速增长的趋势可归因于三个主要因素:①对发展低成本、高性能数字成像技术的需求不断增加。由于受到技术的限制,设计高质量或具有某些特定特性的传感器这一想法无法在短期内实现,而图像融合技术通过结合不同传感器捕获的图像已成为解决这一问题的有效方案;②信号处理与分析理论的发展。近年来研究界提出了许多强大的信号处理工具,例如,稀疏表示和多尺度分解,这为进一步提高图像融合的性能带来了新的发展思路;③人工智能和大数据的出现,使得图像融合产生智能化和规模化的新需求。虽然已经存在各种图像融合方法和融合性能评价方法,但是图像融合目前在许多实际应用领域中仍然存在一些共性挑战。具体如下:

(1) 目前图像融合成果主要集中在像素级融合领域,而图像的特征级融合和决策级融合仅处于探索阶段。我们知道图像融合由低到高分为三个层次:像素级融合、特征级融合、决策级融合。像素级图像融合是指在各个传感器获得的原始图像数据上直接进行融合。像素级图像融合是最低层次的图像融合。像素级图像融合的主要优点是融合后的结果包含了尽可能多的原始图像数据并且融合的准确性最高,提供了其他融合层次所不能提供的细节信息。特征级图像融合是指对预处理和特征提取后的原始输入图像获取的景物信息如边缘、形状、轮廓和区域等信息进行综合与处理。特征级融合是中间层次的信息融合。一般从源图像中提取的典型特征信息有线型、边缘、纹理、光谱、相似亮度区域、相似景深区域等。决策级图像融合是指根据一定的准则以及每个决策的可信度做出最优决策。由于决策级融合处理的对象为各数据源对目标属性的决策,因此决策级融合是高层次的图像融合。决策级融合方法主要是基于认识模型的方法,需要大型数据库和专家决策系统进行分析、推理、识别和判决。常用的决策级图像融合方法有加权平均法、投票表决法、贝叶斯推理、模糊积分、D-S(dempster-shafer)证据理论、N-P(neyman-pearson)准则等。

从已有的图像融合研究成果来看,无论是理论成熟度还是操作可行性,主要的成就都主要集中在像素级融合,而特征级融合和决策级融合研究不够成熟,仅仅处于探索阶段。例如,D-S 证据理论是决策级图像融合中常见的方法。传统 D-S 证据理论在处理冲突证据的融合上存在较大问题,即在合成高冲突的证据时会产生有悖常理的结果,目前虽然已经提出一些冲突处理的改进算法,但这些方法往往由于只是针对某个问题或某个应用场景对证据理论进行了局部修正,缺乏完整的理论体系,因而无法从理论上对证据冲突问题、冲突程度的表示及证据冲突的解决办法等给出理论性思路和方案[176]。

(2) 在进一步提高图像融合精度的同时着重解决图像处理速度问题。特别是在遥感、医学诊断、监视等领域，巨大的数据量和处理速度仍然是主要矛盾之一。随着数字成像设备的不断改进和更新换代，数字图像的尺寸大小和分辨率大小也大幅提升，这意味着相应的数字图像处理硬件设施和软件技术都要跟进。面对巨大的数据量，需要在要求的时间内完成图像融合处理。

(3) 加强跨学科交互研究工作。例如，将人眼视觉特性、心理学特性等领域的研究成果与图像融合技术相结合。图像建模是图像处理领域中的一个基本问题，人眼视觉系统(HVS)建模及基于HVS模型的图像处理在近年来获得了广泛的关注。由于HVS是数字图像的最终接收者，通过借鉴HVS对图像的认知特性进而为图像处理提供先验知识，会提高数字图像处理系统的处理能力和整体性能。如果这种交叉研究取得重大突破，借助日益发展的机器算力、人工智能和大数据，将对包括图像融合技术在内的数字图像处理这一领域发展起到极大的促进作用。

除了上述共性问题，在我们最常见的三类应用场景，即遥感、医学诊断、监视三个领域也存在关键性挑战。

在遥感领域中，首先面临的挑战是在融合多光谱、高光谱和全时相图像时的图像精确配准。遥感图像融合算法基本都是像素级或者特征级图像融合算法，这些算法都要求待融合的多源遥感影像具有很高的几何配准精度。然而，由于不同卫星的数据获取方式不同、不同时刻卫星的姿态不同及扰动等，多源传感器、多时相的遥感影像相互之间往往都不是精确配准的。例如，地表和大气环境的变化、不同卫星获取数据时的双向反射分布函数(bidirectional reflectance distribution function, BRDF)的差异、多源传感器光谱分辨率的差异、不同卫星辐射定标精度的差异，以及不同空间分辨率的像素混合效应的差异等，多源传感器、多分辨率的遥感影像相互之间具有辐射亮度的差异。此外，数据预处理步骤的不同或者高级数据产品生产过程中重采样、重投影等处理也会影响遥感影像的几何精度。例如，采用全球正弦投影的MODIS数据标准产品在中纬度和两极地区的图像几何畸变尤为明显。在这些情况下，源图像之间分辨率差异和光谱差异导致源图像的精确配准极具挑战性。

遥感领域的第二个挑战在于，空间遥感传感器技术正在快速发展，以IKONOS和QuickBird为代表的高分辨率遥感影像应运而生，空间分辨率大幅提升，跨入米级范围以内；时间分辨率也大大提高，重访周期从原来的十多天缩短到两天左右。例如，中国研制成功的遥感二十九号雷达星首次具有0.5m分辨率，分辨率得以前所未有地提升；美国Landsat-8卫星装载了有史以来最先进、性能最好的陆地成像仪和热红外传感器。之前遥感领域应用较广的融合方法有HIS变换法、主成分分析法、BROVEY、基于小波的方法等，这些方法对于SPOT/IRS pan与其他多光谱影像如Landsat TM以及SPOT HRV MS等的融合均有较好的效果，但随着遥感技术的发展和遥感图像质量的大幅提升，其处理能力显得力不从心。这意味着需要更先进的图像融合技术。因此开发用于新一代飞行器或卫星传感器所捕获图像的融合算法将是一个热门的研究课题。

在医学诊断领域中，医学图像的采集方式不同导致精确配准也成为一个挑战性课题。更重要的是，针对特定临床问题设计特定的可用于医学诊断的图像融合方法是一项复杂艰巨的任务。因为在设计图像融合方法过程中除了需要数字图像处理技术外还需要医学领域知识。此外，医学领域对融合性能的期望与一般图像融合不同，因此如何客观评价医学图像融合方法也是一个挑战性课题。通常可通过对图像融合效果或质量的客观评价判断融合的有效性并指导融合，提高融合的效果。目前已有多种融合图像质量评价标准。主要有①基于信息量的评价，如熵、交叉熵、互信息量、偏差熵、联合熵等；②基于统计特性的评价，如均值、标准差、偏差度、均方差、协方差等；③基于信噪比的评价，如信噪比、峰值信噪比等；④基于梯度值的评价，如清晰度(又称平均梯度)、空间频率等；⑤基于光谱信息的评价；⑥基于模糊积分的评价；⑦基于能量的评价。但这些评价标准往往只能对特定的图像融合效果进行较准确的评价，普适性并不很强。例如，针对 CT 和 MIR 的融合图像评价与针对 PET 与 MIR 的融合图像评价标准不一样。同时，在医学诊断与治疗的不同环节，对融合结果的评价标准也不一样。例如，当融合图像用于放射治疗计划系统时，对图像的对比度要求比较高，因此可选用平均梯度和空间频率进行融合效果评价；当图像用于病变组织的定位和识别时，由于伪边缘会影响病变组织的定位，对平滑度要求高而对对比度要求不高，需要削弱噪声的影响，因此选用均方差和峰值信噪比更加适合；当图像用于手术导航应用时，希望尽可能保留源图像中的原有信息，不丢失任何细节，因此要求融合后的图像除了增加组织间边缘，还能再现各组织的纹理细节，这种情况下选用交叉熵和互信息量较好；当融合图像用于专门突出显示某个组织的特定细节，如血管造影时，可选用信息熵作为评价标准。因此，可以说，我们无法找到一种适用于所有融合场景的万全的评价标准。只有在特定的应用条件下，某种特殊的融合方法才能显现优势，或者某类融合质量评价标准也才有意义。此外，客观评价指标虽然具有很好的理论基础，但因其对图像的判断和理解与人眼有差距，有时会与人眼的感知有偏差。因此，将客观评价指标与医学诊断知识相结合，为医学诊断定制特定的融合效果评价体系也是一个值得期待的研究方向。

在监视领域，也存在关键性挑战。视频监控系统在公共安全服务中起着越来越重要的角色，例如，在公共场所、道路、小区、交通等环境中视频监控日益重要。在此类监视应用中，对视频监控的图像质量要求也越来越高，但是，监控图像往往因为环境问题会出现过度曝光或曝光不足问题从而严重破坏视频质量。利用图像融合可以解决这种问题。通过将图像融合技术植入到监控系统里可得到不受曝光问题干扰的监控系统。但在这种应用条件下，图像融合技术必须满足两个刚性要求。首先，融合方法必须足够快速高效以便于实时监视应用。图像融合需要对大量的图像数据进行处理。简单的融合方法运算简捷、处理速度快，但融合效果并不令人满意；而采用较复杂的方法，例如，基于多分辨率分析或基于人工神经网络的算法，会带来大量运算，因而融合处理速度缓慢，很难满足实际应用系统快速实时处理的要求。因此，如何同时保持图像融合方法的实时性与精确性是图像融合领域的关键问题。此外，由于在室外环境中图像采集条件可能会发生显著变化，因此设计的方法必须有强鲁棒性以便克服源图像中出现的曝光不足或曝光过度等不完美外界条件。

如果曝光问题和效率问题能得到很好地解决，就可以利用图像融合技术实现全天候实时立体监视。目前，监视领域的发展趋势是多传感器监测、智能化、小型化。国外相关研究起步早，其研究重点已转向多传感器实时图像融合，其成像质量、成像速度均高于国内产品，但价格高昂；而国内，多传感器实时图像融合刚刚起步。

参 考 文 献

[1] Hall D L, Llinas J. An introduction to multisensor data fusion [J]. Proceedings of the IEEE, 2002, 85 (1): 6-23.

[2] Wald L. Some terms of reference in data fusion [J]. IEEE Transactions on Geosciences and Remote Sensing, 1999, 37 (3): 1190-1193.

[3] 徐月美. 多尺度变换的多聚焦图像融合算法研究[D]. 北京: 中国矿业大学, 2012.

[4] 叶传奇. 基于多尺度分解的多传感器图像融合算法研究[D]. 西安: 西安电子科技大学, 2009.

[5] 洪日昌. 多源图像融合算法及应用研究[D]. 合肥: 中国科学技术大学, 2008.

[6] 黄伟. 像素级图像融合研究[D]. 上海: 上海交通大学, 2008.

[7] 杨波. 基于小波的像素级图像融合算法研究[D]. 上海: 上海交通大学, 2008.

[8] 李伟. 像素级图像融合方法及应用研究[D]. 广州: 华南理工大学, 2006.

[9] Pats C, Sides S C, Anderson J A. Comparison of three different methods to merge multiresolution and multispectral data: Landsat TM and SPOT panchromatic [J]. Photogrammetric Engineering and Remote Sensing, 1991, 57 (3): 265-303.

[10] Lallier E, Farooq M. A real time pixel-level based image fusion via adaptive weight averaging [C]. Information Fusion, 2000. Proceedings of the Third International Conference on. Vol. 2. IEEE, 2000.

[11] de Bethune S, Muller F, Binard M. Adaptive intensity matching filters: a new tool for multi-resolution data fusion [C]. Agard Conference Proceedings Agard Cp. Agard, 1998.

[12] 蒋晓瑜, 高稚允. 基于假彩色的多重图像融合[J]. 北京理工大学学报, 1997, 17(5): 645-649.

[13] Waxman A M, Fay D A, Gove A N, et al. Color night vision: fusion of intensified visible and thermal IR imagery [C]//SPIE's 1995. Proceedings of SPIE-The International Society for Optical Engineering, 1995, 2463: 58-68.

[14] Toet A, Walraven J. New false color mapping for image fusion [J]. Optical Engineering, 1996, 35 (3): 650-658.

[15] Tu T M, Su S C, Shyu H C, et al. A new look at IHS-like image fusion methods [J]. Information Fusion, 2001, 2 (3): 177-186.

[16] Wright W A. Fast image fusion with a Markov random field [C]. Seventh International Conference on Image Processing and Its Applications(Conf. Publ. No. 465), 1999, 2(2): 557-561.

[17] Geng B, Xu J, Yang J. An approach based on the features of space- frequency domain of image for fusion of edge maps obtained through multi-sensors [J]. Systems Engineering and Electronics, 2000, 22(4): 18-22.

[18] Laferte J M, Heitz F, Perez P, et al. Hierarchical statistical models for the fusion of multiresolution image data [C]//Proceedings of SPIE-The International Society for Optical Engineering, 1995: 908-913.

[19] Sharma R K, Leen T K, Pavel M. Bayesian sensor image fusion using local linear generative models [J]. Optical Engineering, 2001, 40(7): 1364-1376.

[20] Blum R S. On multisensor image fusion performance limits from an estimation theory perspective [J]. Information Fusion, 2006, 7(3): 250-263.

[21] Do M N, Vetterli M. Frame reconstruction of the Laplacian pyramid [C]. IEEE International Conference on Acoustics, 2001, 6(6): 3641-3644.

[22] Toet A. Image fusion by a ratio of low-pass pyramid [J]. Pattern Recognition Letters, 1989, 9 (4): 245-253.

[23] Zhang Z, Blum R S. A categorization of multiscale-decomposition-based image fusion schemes with a performance study for a digital camera application [J]. Proceedings of the IEEE, 1999, 87(8): 1315-1326.

[24] Chipman L J, Orr T M, Graham L N. Wavelets and image fusion [C]//SPIE's 1995. International Conference on Image Processing, 1995, 3: 3248.

[25] Ranchin T, Wald L. The wavelet transform for the analysis of remotely sensed images [J]. International Journal of Remote Sensing, 1993, 14 (3): 615-619.

[26] 焦李成, 谭山. 图像的多尺度几何分析: 回顾和展望 [J]. 电子学报, 2004, 31 (B12): 1975-1981.

[27] Candès E J. Ridgelets and the representation of mutilated Sobolev functions [J]. SIAM Journal on Mathematical Analysis, 2001, 33(2): 347-368.

[28] Candès E J, Donoho D L. New tight frames of curvelets and optimal representations of objects with piecewise C2 singularities [J]. Communications on Pure and Applied Mathematics, 2010, 57(2): 219-266.

[29] Candès E, Demanet L, Donoho D, et al. Fast discrete curvelet transforms [J]. Multiscale Modeling and Simulation, 2006, 5 (3): 861-899.

[30] Pennec L E, Mallat S. Image compression with geometrical wavelets [C]//Proceedings 2000. International Conference on Image Processing, 2000, 1(1): 661-664.

[31] Do M N, Vetterli M. Contourlets: a directional multiresolution image representation [C]// Proceedings. 2002 International Conference on Image Processing, 2002, 1(1): 1-357-1-360.

[32] Gu Y F, Liu Y, Wang C Y, et al. Curvelet-based image fusion algorithm for effective anomaly detection in hyperspectral imagery [C]. Journal of Physics: Conference Series. Vol. 48. No. 1. IOP Publishing, 2006.

[33] Nencini F, Garzelli A, Baronti S, et al. Remote sensing image fusion using the curvelet transform [J]. Information Fusion, 2007, 8(2): 143-156.

[34] 安红岩, 张正肖, 杨武年. Curvelet 变换在多聚焦图像融合中的应用[J]. 计算机工程与应用, 2010, 46(8): 170-173.

[35] 张强, 郭宝龙. 一种基于 Curvelet 变换多传感器图像融合算法[J]. 光电子·激光, 2006, 17 (9): 1123-1127.

[36] Donoho D L, Duncan M R. Digital curvelet transform: strategy, implementation, and experiments [J]. AeroSense 2000. International Society for Optics and Photonics, 2000, 4056: 12-29.

[37] Da C A L, Zhou J, Do M N. The nonsubsampled contourlet transform: theory, design, and applications [J]. IEEE Transactions on Image Processing, 2006, 15 (10): 3089-3101.

[38] Da C A L, Zhou J, Do M N. Nonsubsampled contourilet transform: filter design and applications in denoising [C]//ICIP 2005. IEEE International Conference on Image Processing, 2005, Vol. 1. IEEE, 2005.

[39] 宋杨, 王菲露. 基于多分辨率分析的多传感器遥感图像融合方法 [J]. 安徽大学学报: 自然科学版, 2011, 35 (2): 47-51.

[40] Zhang Q, Guo B L. Research on image fusion based on the nonsubsampled contourlet transform [C]//ICCA 2007. IEEE International Conference on Control and Automation, 2007, 28(1): 3239-3243.

[41] 孙伟, 郭宝龙, 陈龙. 非降采样 Contourlet 域方向区域多聚焦图像融合算法 [J]. 吉林大学学报: 工学版, 2009, 39(5): 1384-1389.

[42] Brown C R, Marengoni M, Kardaras G. Bayes nets for selective perception and data fusion [C]//23 Annual AIPR Workshop - Image and Information Systems: Applications and Opportunities. International Society for Optics and Photonics, 1995, 2368: 117-127.

[43] Melgani F, Serpico S B, Vernazza G. Fusion of multitemporal contextual information by neural networks for multisensor image classification [C]//IEEE 2001 International Geoscience and Remote Sensing Symposium, 2003, 10(1): 2952-2954.

[44] Melgani F, Serpico S B, Vernazza G. Fusion of multitemporal contextual information by neural networks for multisensor remote sensing image classification [J]. Integrated Computer-Aided Engineering, 2003, 10 (1): 81-90.

[45] 李树涛. 多传感器图像信息融合方法与应用研究[D]. 长沙: 湖南大学, 2001.

[46] McCulloch, Warren S, Pitts W. A logical calculus of the ideas immanent in nervous activity [J]. The Bulletin of Mathematical Biophysics, 1943, 5(4): 115-133.

[47] Hebb D O. The Organization of Behavior: A Neuropsychological Theory [M]. Lonclon: Psychology Press, 2005.

[48] Rosenblatt F. The perceptron: a probabilistic model for information storage and organization in the brain [J]. Psychological Review, 1958, 65 (6): 386.

[49] Widrow B, Hoff M E. Adaptive Switching Circuits [R]. No. Tr-1553-1. Stanford Univ. Ca. Stanford Electronics Labs, 1960.

[50] Widrow B. Generalization and information storage in network of adaline neurons [J]. Self-Organizing Systems, 1962: 435-462.

[51] Minsky M, Papert S. Artificial Intelligence Progress Report [R]. Massachusetts Institute of Technology, 1972.

[52] Anderson J A. A simple neural network generating an interactive memory [J]. Mathematical Biosciences, 1972, 14(3): 197-220.

[53] Kohonen T. Correlation matrix memories [J]. IEEE Transactions on Computers, 1972, 21(4): 353-359.

[54] Kohonen T. Self-Organization and Associative Memory [M]//Self-Organization and Associative Memory. Sg Berlin Heidelberg, New York: Springer-Verlay, 1988.

[55] Hopfield J J. Neural networks and physical systems with emergent collective computational abilities [J]. Proceedings of the National Academy of Sciences, 1982, 79(8): 2554-2558.

[56] Rumelhart D E, Hinton G E, Williams R J. Learning Representations by Back-Propagating Errors [M]. Cambridge, MA, USA: MIT Press, 1988.

[57] 刘勍. 基于脉冲耦合神经网络的图像处理若干问题研究 [D]. 西安: 西安电子科技大学, 2011.

[58] Hodgkin A L, Huxley A F. The dual effect of membrane potential on sodium conductance in the giant axon of Loligo [J]. The Journal of Physiology, 1952, 116(4): 497-506.

[59] 绽琨. 脉冲发放皮层模型及其应用 [D]. 兰州: 兰州大学, 2010.

[60] Nagumo J, Arimoto S, Yoshizawa S. An active pulse transmission line stimulating nerve axon [J]. Proc. IRE, 1962, 50(10): 2061-2070.

[61] Crick F. 惊人的假说——灵魂的科学探索 [M]. 汪云九, 齐翔林, 等译. 长沙: 湖南科学技术出版社, 2001.

[62] Rybak I A, Shevtsova N A, Sandler V M. The model of a neural network visual preprocessor [J]. Neurocomputing, 1990, 4 (1): 93-102.

[63] Parodi O, Combe P, Ducom J C. Temporal coding in vision: coding by the spike arrival times leads to oscillations in the case of moving targets [J]. Biological Cybernetics, 1996, 74 (6): 497-509.

[64] Ranganath H S, Kuntimad G, Johnson J L. Pulse coupled neural networks for image processing [C]. Southeastcon 95 Visualize the Future, IEEE, 1995: 37-43.

[65] Johnson J L, Padgett M L. PCNN models and applications [J]. IEEE Transactions on Neural Networks/A Publication of the IEEE Neural Networks Council, 1999, 10(3): 480-498.

[66] Kuntimad G, Ranganath H S. Perfect image segmentation using pulse coupled neural networks [J]. IEEE Transactions on Neural Networks, 1999, 10 (3): 591-598.

[67] Johnson J L, Ritter D. Observation of periodic waves in a pulse-coupled neural network [J]. Optics Letters, 1993, 18 (15): 1253-1255.

[68] Johnson J L. Pulse-coupled neural nets: translation, rotation, scale, distortion, and intensity signal invariance for images [J]. Applied Optics, 1994, 33(26): 6239-6253.

[69] Izhikevich E M. Theoretical foundations of pulse-coupled models [C]. IEEE World Congress on IEEE International Joint Conference on Neural Networks, 2002, 3(3): 2547-2550.

[70] Izhikevich E M. Class 1 neural excitability, conventional synapses, weakly connected networks, and mathematical foundations of pulse-coupled models[J]. IEEE Transactions on Neural Networks, 1999, 10 (3): 499-507.

[71] Broussard R P. Physiologically-based vision modeling applications and gradient descent-based parameter adaptation of pulse coupled neural networks [R]. Air Force Institute of Technology, 1997.

[72] 马义德, 齐春亮. 基于遗传算法的脉冲耦合神经网络自动系统的研究[J]. 系统仿真学报, 2006, 18(3): 722-725.

[73] 张志宏, 马光胜. PCNN 模型参数优化与多阈值图像分割[J]. 哈尔滨工业大学学报, 2009, 41 (3): 241-242.

[74] 马义德, 绽琨, 齐春亮. 自适应脉冲耦合神经网络在图像处理中的应用[J]. 系统仿真学报, 2008, 20(11): 2897-2900.

[75] 苗启广, 王宝树. 一种自适应 PCNN 多聚焦图像融合新方法[J]. 电子与信息学报, 2006, 28(3): 466-470.

[76] 李美丽, 李言俊, 王红梅, 等. 基于自适应脉冲耦合神经网络图像融合新算法[J]. 光电子·激光, 2010, 21(5): 779-782.

[77] 赵峙江, 赵春晖, 张志宏. 一种新的 PCNN 模型参数估算方法[J]. 电子学报, 2007, 35(5): 996-1000.

[78] 于江波, 陈后金, 王巍, 等. 脉冲耦合神经网络在图像处理中的参数确定[J]. 电子学报, 2008, 36(1): 81-85.

[79] Ekblad U, Kinser J M, Atmer J, et al. The intersecting cortical model in image processing [J]. Nuclear Instruments and Methods in Physics Research (Section A), 2004, 525(1-2): 392-396.

[80] Zhan K, Zhang H, Ma Y. New spiking cortical model for invariant texture retrieval and image processing [J]. IEEE Transactions. on Neural Networks, 2009, 12: 1980-1986.

[81] 张煜东, 吴乐南. 基于二维 Tsallis 熵的改进 PCNN 图像分割[J]. 东南大学学报, 2008, 38(4): 579-584.

[82] Wang Z, Ma Y. Medical image fusion using *m*-PCNN [J]. Information Fusion, 2008, 9(2): 176-185.

[83] 赵荣昌, 马义德, 绽琨. 三态层叠脉冲耦合神经网络及其思想在最短路径求解中的应用[J]. 系统工程与电子技术, 2008, 30: 1785-1789.

[84] 常威威, 郭雷, 付朝阳, 等. 利用脉冲耦合神经网络的高光谱多波段图像融合方法[J]. 红外与毫米波学报, 2010, 29(3): 205-209.

[85] Dehaene S. The neural basis of the Weber-Fechner law: a logarithmic mental number line [J]. Trends in Cognitive Sciences, 2003, 7 (4): 145-147.

[86] Broussard R P, Rogers S K, Oxley M E, et al. Physiologically motivated image fusion for object detection using a pulse coupled neural network [J]. IEEE Transactions on Neural Networks, 1999, 10(3): 554-563.

[87] Li W, Zhu X F. A New Algorithm of Multi-Modality Medical Image Fusion Based on Pulse-Coupled Neural Networks [M]. Advances in Natural Computation. Berlin Heidelberg: Springer, 2005, 3610: 995-1001.

[88] Li M, Wei C, Tan Z. Pulse coupled neural network based image fusion [C]. Advances in Neural Networks-ISNN 2005. Springer Berlin Heidelberg, 2005: 741-746.

[89] Li W, Zhu X F. A new image fusion algorithm based on wavelet packet analysis and PCNN [C]. Proceedings of 2005 International Conference on Machine Learning and Cybernetics, 2005, 9(9): 5297-5301.

[90] Miao Q, Wang B. A novel adaptive multi-focus image fusion algorithm based on PCNN and sharpness [C]. Defense and Security. International Society for Optics and Photonics, 2005.

[91] Miao Q, Wang B. A novel image fusion algorithm based on PCNN and contrast. Communications [C]//IEEE 2006. International Conference on Communications, 2006, 1: 543-547.

[92] Li M, Wei C, Tan Z. A region-based multi-sensor image fusion scheme using pulse-coupled neural network [J]. Pattern Recognition Letters, 2006, 27(16): 1948-1956.

[93] Qu X, Yan J. Multi-focus image fusion algorithm based on regional firing characteristic of pulse coupled neural networks [C]//BIC-TA 2007. Second International Conference on Bio-Inspired Computing: Theories and Applications, 2007: 62-66.

[94] Wang Z, Ma Y. Dual-channel PCNN and its application in the field of image fusion [C]//ICNC 2007. Third International Conference on Natural Computation, 2007, 1: 755-759.

[95] Lin Y, Song L, Zhou X, et al. Infrared and visible image fusion algorithm based on Contourlet transform and PCNN [J]. Infrared Materials, Devices and Applications, 2007, 6835.

[96] Liu S P, Fang Y. Infrared image fusion algorithm based on contourlet transform and improved pulse coupled neural network [J]. Journal of Infrared and Millimeter Waves, Chinese Edition, 2007, 26(3): 217-221.

[97] Huang W, Jing Z. Multi-focus image fusion using pulse coupled neural network [J]. Pattern Recognition Letters, 2007, 28(9): 1123-1132.

[98] Qu X B, Hu C W, Yan J W. Image fusion algorithm based on orientation information motivated Pulse Coupled Neural Networks [C]//WCICA 2008. 7th World Congress on Intelligent Control and Automation, 2008: 2437-2441.

[99] Wang M, Peng D, Yang S. Fusion of multi-band SAR images based on nonsubsampled contourlet and PCNN [C]//ICNC'08. Fourth International Conference on Natural Computation, 2008, 5: 529-533.

[100] Xu L, Du J, Li Q P. Image fusion based on nonsubsampled contourlet transform and saliency-motivated pulse coupled neural networks [J]. Mathematical Problems in Engineering 2013.

[101] Fu L, Jin L, Huang C. Image fusion algorithm based on simplified PCNN in nonsubsampled contourlet transform domain [J]. Procedia Engineering, 2012, 29: 1434-1438.

[102] Kong W W, Lei Y J, Lei Y, et al. Image fusion technique based on non-subsampled contourlet transform and adaptive unit-fast-linking pulse-coupled neural network [J]. Image Processing, IET, 2011, 5(2): 113-121.

[103] Zhang B, Lu X, Jia W. A multi-focus image fusion algorithm based on an improved dual-channel PCNN in NSCT domain [J]. Optik-International Journal for Light and Electron Optics, 2013, 124(20): 4104-4109.

[104] Wu Z, Wang M, Han G. Multi-focus image fusion algorithm based on adaptive PCNN and wavelet transform [C]//International Symposium on Photoelectronic Detection and Imaging 2011. International Society for Optics and Photonics, 2011.

[105] Ge W, Li P. Image Fusion Algorithm Based on PCNN and Wavelet Transform [C]. Fifth International Symposium on Computational Interligence & Design, IEEE, 2013.

[106] Qiang F U, et al. Remote Sensing image fusion algorithm based on wavelet decomposition and PCNN [J]. Journal of Huazhong Normal University (Natural Sciences), 2012(1): 025.

[107] Chai Y, Li H F, Qu J F. Image fusion scheme using a novel dual-channel PCNN in lifting stationary wavelet domain [J]. Optics Communications, 2010, 283(19): 3591-3602.

[108] Kong W, Liu J. Technique for image fusion based on nonsubsampled shearlet transform and improved pulse-coupled neural network [J]. Optical Engineering, 2013, 52(1): 7001.

[109] Shi C, Miao Q, Xu P. A novel algorithm of remote sensing image fusion based on Shearlets and PCNN [J]. Neurocomputing, 2013, 117: 47-53.

[110] Lang J, Hao Z. Novel image fusion method based on adaptive pulse coupled neural network and discrete multi-parameter fractional random transform [J]. Optics and Lasers in Engineering, 2014, 52(1): 91-98.

[111] Zhang B, Zhang C, Liu Y, et al. Multi-focus image fusion algorithm based on compound PCNN in Surfacelet domain [J]. Optik-International Journal for Light and Electron Optics, 2014, 125(1): 296-300.

[112] Das S, Kundu M K. Ripplet Based Multimodality Medical Image Fusion Using Pulse-Coupled Neural Network and Modified Spatial Frequency [C]. International Conference on Recent Trends in Information Systems 2012, 50(10): 229-234.

[113] Cai X, Zhao W, Gao F. Image fusion algorithm based on adaptive pulse coupled neural networks in curvelet domain [C]. IEEE International Conference on Signal Processing 2010: 845-848.

[114] Lin Z, Yan J, Yuan Y. Algorithm for image fusion based on orthogonal grouplet transform and pulse-coupled neural network [J]. Journal of Electronic Imaging, 2013, 22 (3): 3028.

[115] Kinser J M, Lindblad T. Implementation of pulse-coupled neural networks in a CNAPS environment [J]. IEEE Transactions on Neural Networks, 1999, 10(3): 584-590.

[116] Ota Y, Wilamowski B M. Analog implementation of pulse-coupled neural networks [J]. IEEE Transactions on Neural Networks, 1999, 10 (3): 539-544.

[117] Ota Y, Wilamowski B M. Vlsi architecture for analog bidirectional pulse-coupled neural networks [C]. International Conference on Neural Networks, 1997, 2(2): 964-968.

[118] Waldemark J, Millberg M, Lindblad T, et al. Implementation of a pulse coupled neural network in FPGA [J]. International Journal of Neural Systems, 2000, 10 (03): 171-177.

[119] Schreiter J, Matolin D. Cellular pulse-coupled neural network with adaptive weights for image segmentation and its VLSI implementation [C]//Electronic Imaging 2004. International Society for Optics and Photonics, 2004.

[120] Vega-Pineda J, Chacón-Murguía M I, Camarillo-Cisneros R. Synthesis of pulsed-coupled neural networks in FPGAs for real-time image segmentation [C]. International Joint Conference on Neural Networks, 2006: 4051-4055.

[121] Matthias E, et al. Wafer-scale VLSI implementations of pulse coupled neural networks [C]. Proceedings of the International Conference on Sensors, Circuits and Instrumentation Systems, 2007.

[122] Chen J, Shibata T. A neuron-MOS-based VLSI implementation of pulse-coupled neural networks for image feature generation [J]. IEEE Transactions on Circuits and Systems I: Regular Papers, 2010, 57 (6): 1143-1153.

[123] Lindblad T, et al. Image Processing Using Pulse-Coupled Neural Networks [M]. Berlin, Germany: Springer, 2005.

[124] Ma Y, Lin D, Zhang B, et al. A novel algorithm of image enhancement based on pulse coupled neural network time matrix and rough set [C]. International Conference on Fuzzy Systems and Knowledge Discovery, 2007, 3: 86-90.

[125] Huang W, Jing Z. Evaluation of focus measures in multi-focus image fusion [J]. Pattern Recognition Letters, 2007, 28 (4): 493-500.

[126] Agrawal D, Singhai J. Multifocus image fusion using modified pulse coupled neural network for improved image quality [J]. Image Processing, IET, 2010, 4 (6): 443-451.

[127] Li S, Kwok J T, Wang Y. Multifocus image fusion using artificial neural networks [J]. Pattern Recognition Letters, 2002, 23(8): 985-997.

[128] Li S, Kwok J T, Wang Y. Combination of images with diverse focuses using the spatial frequency [J]. Information Fusion, 2001, 2 (3): 169-176.

[129] Wang Z, Ma Y, Cheng F, et al. Review of pulse-coupled neural networks [J]. Image and Vision Computing, 2010, 28 (1): 5-13.

[130] Eltoukhy H A, Kavusi S. Computationally efficient algorithm for multifocus image reconstruction [C]//Electronic Imaging 2003. International Society for Optics and Photonics, 2003.

[131] Subbarao M, Choi T S, Nikzad A. Focusing techniques [C]. Applications in Optical Science and Engineering. International Society for Optics and Photonics, 1992.

[132] Nayar S K, Nakagawa Y. Shape from focus [J]. IEEE Transactions on Pattern Analysis and Machine Intelligence, 1989, 16 (8): 824-831.

[133] Qu G, Zhang D, Yan P. Information measure for performance of image fusion [J]. Electronics Letters, 2002, 38(7): 313-315.

[134] Ma Y, Zhan K, Wang Z. Applications of Pulse-Coupled Neural Networks [M]. Bei Jing: Higher Education Press, 2010.

[135] Wong A, Bishop W. Efficient least squares fusion of MRI and CT images using a phase congruency model [J]. Pattern Recognition Letters, 2008, 29(3): 173-180.

[136] Bhatnagar G, Wu Q M J, Liu Z. Human visual system inspired multi-modal medical image fusion framework [J]. Expert Systems with Applications, 2013, 40(5): 1708-1720.

[137] Kavitha C T, Chellamuthu C, Rajesh R. Multimodal medical image fusion using discrete ripplet transform and intersecting cortical model [J]. Procedia Engineering, 2012, 38(1): 1409-1414.

[138] Shi C, Miao Q, Xu P. A novel algorithm of remote sensing image fusion based on Shearlets and PCNN [J]. Neurocomputing, 2013, 117: 47-53.

[139] Yang S, Wang M, Jiao L. Contourlet hidden Markov Tree and clarity-saliency driven PCNN based remote sensing images fusion [J]. Applied Soft Computing Journal, 2012, 12(1): 228-237.

[140] Qu X B, et al. Image fusion algorithm based on spatial frequency-motivated pulse coupled neural networks in nonsubsampled contourlet transform domain [J]. Acta Automatica Sinica, 2008, 34(12): 1508-1514.

[141] Xin G, et al. Multi-focus image fusion based on the nonsubsampled contourlet transform and dual-layer PCNN model [J]. Information Technology Journal, 2011, 10(6): 1138-1149.

[142] Das S, Kundu M K. NSCT-based multimodal medical image fusion using pulse-coupled neural network and modified spatial frequency [J]. Medical & Biological Engineering & Computing, 2012, 50(10): 1105-1114.

[143] Zhou J, Cunha A L, Do M N. Nonsubsampled contourlet transform: construction and application in enhancement [C]. IEEE International Conference on Image Processing, 2005, 1: 469-472.

[144] 杨粤涛. 基于非采样 Contourlet 变换的图像融合[D]. 长春: 中国科学院研究生院, 2012.

[145] Sachs M B, Nachmias J, Robson J G. Spatial-frequency channels in human vision [J]. Journal of the Optical Society of America, 1971, 61 (9): 1176-1186.

[146] Eskicioglu A M, Fisher P S. Image quality measures and their performance [J]. IEEE Transactions on Communications, 1995, 43(12): 2959-2965.

[147] Forgac R, Mokris I. Feature generation improving by optimized PCNN [C]//SAMI 2008. 6th International Symposium on Applied Machine Intelligence and Informatics, 2008: 203-207.

[148] Xydeas C S, Petrović V. Objective image fusion performance measure [J]. Electronics Letters, 2000, 36(4): 308-309.

[149] http://www.med.harvard.edu/AANLIB [OL].

[150] Padgett M L, Roppel T A, Johnson J L. Pulse coupled neural networks (PCNN), wavelets and radial basis functions: olfactory sensor applications [C]//IEEE World Congress on Computational Intelligence. The 1998 IEEE International Joint Conference on Neural Networks Proceedings, 1998, 3(3): 1784-1789.

[151] Abraham, K B, Yang Y. Automatic edge and target extraction based on pulse-couple neuron networks wavelet theory (PCNNW) [C]//Proceedings. ICII 2001-Beijing. 2001 International Conferences on Info-tech and Info-net, 2001, Vol. 3, 2001.

[152] Chai Y, Li H F, Guo M Y. Multifocus image fusion scheme based on features of multiscale products and PCNN in lifting stationary wavelet domain [J]. Optics Communications, 2011, 284(5):1146-1158.

[153] Fu Q, Feng Y, Feng D. PCNN forecasting model based on wavelet transform and its application [C]//International Conference on Intelligent Systems and Knowledge Engineering 2007. Atlantis Press, 2007.

[154] Yang Y. A novel DWT based multi-focus image fusion method [J]. Procedia Engineering, 2011, 24(1): 177-181.

[155] Ma Y, Fei S, Lian L. A new kind of impulse noise filter based on PCNN[J]. IEEE ICNNSP, 2003, 1(1): 152-155.

[156] Ma Y D, Fei S, Lian L. Gaussian noise filter based on PCNN[J]. International Conference on Neural Networks and Signal Processing IEEE, 2003, 1(1): 149-151.

[157] 马义德, 李廉, 绽琨, 等. 脉冲耦合神经网络与数字图像处理[J]. 北京: 科学出版社, 2008.

[158] Ma Y D, Dai R L, Lian L, et al. A new algorithm of image segmentation based on pulse coupled neural networks and the entropy of images[C]. Proc. Int. Conf_Neural Information Processing, 2001.

[159] Wang Z, Ma Y, Xu G. A Novel Method of Iris Feature Extraction Based on the ICM[C]. IEEE International Conference on Information Acquisition, 2007: 814-818.

[160] 马义德, 袁敏, 齐春亮, 等. 基于 PCNN 的语谱图特征提取在说话人识别中的应用[J]. 计算机工程与应用, 2005, 41(20): 81-84.

[161] 徐光柱. 基于人体虹膜的生物特征识别技术研究[D]. 兰州: 兰州大学, 2007.

[162] Jain A K. 数字图像处理基础[M]. 北京: 清华大学出版社, 2006.

[163] Zhang J, Zhan K, Ma Y. Rotation and scale invariant antinoise PCNN features for content-based image retrieval[J]. Neural Network World, 2007, 17(2): 121-132.

[164] 焦李成, 杨淑媛, 刘芳, 等. 神经网络七十年: 回顾与展望[J]. 计算机学报, 2016, 39(8): 1697-1716.

[165] 神经网络之父: 深度学习已进入瓶颈期, 模拟人类神经结构将是突破口? 独家专访 Geoffrey Hinton http://www.sohu.com/a/196368222_354973.

[166] Tishby N, Zaslavsky N. Deep learning and the information bottleneck principle[J]. Information Theory Workshop, 2015: 1-5.

[167] New Theory Cracks Open the Black Box of Deep Learning. https://www.quantamagazine. org/new-theory-cracks-open-the-black-box-of-deep-learning-20170921/.

[168] 深度学习黑匣问题迎来新发现, 谷歌大牛 Hinton 说可能这就是答案. https://baijiahao.baidu. com/s?id=15899296406504103 21&wfr=spider&for=pc.

[169] Wang Z, Wang S, Zhu Y, et al. Review of image fusion based on pulse-coupled neural network[J]. Archives of Computational Methods in Engineering, 2016, 23(4): 659-671.

[170] 王新, 马义德, 徐志坚, 等. 基于脉冲耦合神经网络的混沌控制[J]. 计算机应用, 2009, 29(12): 3277-3279.

[171] 张燕. 脉冲耦合神经网络及混沌脉冲耦合神经网络的研究[D]. 哈尔滨: 哈尔滨工程大学, 2007.

[172] 王新. PCNN 混沌特性与硬件实现研究[D]. 兰州: 兰州大学, 2010.

[173] Yamaguchi Y, Ishimura K, Wada M. Chaotic pulse-coupled neural network as a model of synchronization and desynchronization in cortex[C]//International Conference on Neural Information Processing. IEEE, 2002, 2(2): 571-575.

[174] Zhan K, Shi J, Wang H, et al. Computational mechanisms of pulse-coupled neural networks: a comprehensive review[J]. Archives of Computational Methods in Engineering, 2016, 24(3): 1-16.

[175] Li S, Kang X, Fang L, et al. Pixel-level image fusion: a survey of the state of the art[J]. Information Fusion, 2017, 33: 100-112.

[176] 熊成超. 红外和可见光图像的决策级融合算法研究[D]. 西安: 西安电子科技大学, 2012.

附录 作者近期研究成果

一、近几年发表论文

1. **Wang N**, Ma Y, Zhan K. Spiking cortical model for multifocus image fusion[J]. Neurocomputing, 2014, 130(3): 44-51. (SCI 收录, 收录号 ISI: 000333233200007).

2. **Wang N**, Ma Y, Wang W, et al. Multifocus image fusion based on nonsubsampled Contourlet transform and spiking cortical model[J]. Neural Network World, 2015, 25(6): 623-639. (SCI 收录, 收录号 ISI: 000368961000004).

3. **Wang N**, Ma Y, Zhan K. Development of PCNN Research and Its Application in Voice Recognition[C]//JCIT: Journal of Convergence Information Technology, 2012, 7(20): 497-505. (EI 收录, 收录号: 20124715701973).

4. **Wang N**, Ma Y, Zhan K, et al. Multimodal medical image fusion framework based on simplified PCNN in nonsubsampled contourlet transform domain[J]. Journal of Multimedia, 2013, 8 (3): 270-276. (EI 收录, 收录号: 20132516433400).

5. **Wang N**, Ma Y, Wang W, et al. An image fusion method based on NSCT and dual-channel PCNN model[J]. Journal of Networks 9, 2014, 2: 501-506. (EI 收录, 收录号: 20140717311694).

6. **Wang N**, Ma Y, Wang W. DWT-Based multisource image fusion using spatial frequency and simplified pulse coupled neural network[J]. Journal of Multimedia, 2014, 9 (1): 159-165.

7. **Wang N**, Wang W, Guo X R. A new image fusion method based on improved PCNN and multiscale decomposition[J]. Advanced Materials Research, 2014, 834: 1011-1015. (EI 收录, 收录号: 20134616986832).

8. **Wang N**, Wang W, Guo X R. Multisource image fusion based on DWT and simplified pulse coupled neural network[J]. Applied Mechanics and Materials, 2014, 457: 736-740. (EI 收录, 收录号: 20134717004709).

9. **Wang N**, Wang W, Xu Y. Image fusion method and robustness test based on multiscale decomposition and spiking cortical model[C]//2013 3rd International Conference on Consumer Electronics, Communications and Networks (CECNet), IEEE, 2013. (EI 收录, 收录号: 20140917366002).

10. **Wang N**, Ma Y, Wang W. Research on spatial frequency motivated gray level

image fusion based on improved PCNN[C]//Information Science and Cloud Computing Companion (ISCC-C), 2013 International Conference on. IEEE, 2013: 734-739. (EI 收录, 收录号: 20145200372131).

11. **Wang N**, Wang W. An image fusion method based on wavelet and dual-channel pulse coupled neural network[C]//IEEE International Conference on Progress in Informatics and Computing 2015. (EI 收录, 收录号: 20163102667573).

12. 王维兰, 钱建军, 杨旦春, **王念一**. 基于频率谱变化量的唐卡图像特征提取与表示[J]. 计算机工程与应用, 2011, 47 (22): 183-187. (CSCD)

13. 王念一, 马义德, 绽琨. PCNN 理论研究进展及其语音识别中的应用[J]. 自动化与仪器仪表, 2013, 1 : 93-96.

二、近几年主持及参与的主要项目

1. 国家自然科学基金项目 "唐卡线描图生成及风格化创作关键技术研究" (No.61862057), 主持;

2. 中央高校基本科研业务费专项资金项目 "基于脉冲耦合神经网络的图像融合技术研究" (No.31920140086), 主持;

3. 中央高校基本科研业务重大培育项目 "基于视觉 Gamma 带同步振荡神经网络的图像处理应用研究" (No.31920170143), 主持;

4. 西北民族大学引进人才项目 "基于脉冲耦合神经网络和多尺度分解的图像融合" (项目批准号: Xbmuyjrc201504), 主持;

5. 国家自然科学基金项目 "破损唐卡图像修复质量评价模型的研究" (No.61561042), 参与;

6. 国家自然科学基金项目 "结合领域知识的唐卡图像修复系统模型及应用研究" (No. 61162021), 参与;

7. 国家自然科学基金项目 "脉冲耦合神经网络的完善性探索及其应用研究" (No.60872109), 参与;

8. 国家自然科学基金项目 "乳腺癌诊断中乳腺钼靶 X 线影像处理与分析关键技术研究" (No.61175012), 参与;

9. 西北民族大学科研创新团队计划 "智能信息处理与应用软件" 项目, 参与;

三、近几年获奖情况

1. 《结合破损块形状和邻域分类的唐卡图像修复研究》, 甘肃省高校科技进步奖二等奖, 2012 年, 个人排名 6/10;

2. 《基于统计结构的联机手写藏文识别研究和系统实现》, 兰州市科技进步奖二等奖, 2012 年, 个人排名 8/9;